TUSHUGUAN
FUWU HUANJING
SHEJI YANJIU

# 图书馆服务环境设计研究

李君燕◎著

安徽师范大学出版社
ANHUI NORMAL UNIVERSITY PRESS
·芜湖·

**图书在版编目(CIP)数据**

图书馆服务环境设计研究 / 李君燕著. —芜湖:安徽师范大学出版社,2024.5
ISBN 978-7-5676-6702-0

Ⅰ.①图… Ⅱ.①李… Ⅲ.①图书馆—环境设计—研究 Ⅳ.①TU242.3

中国国家版本馆CIP数据核字(2024)第055856号

**图书馆服务环境设计研究**

李君燕◎著

责任编辑:祝凤霞　王博睿　　责任校对:吴顺安
装帧设计:张　玲　姚　远　　责任印制:桑国磊
出版发行:安徽师范大学出版社
芜湖市北京中路2号安徽师范大学赭山校区　邮政编码:241000
网　　址:http://www.ahnupress.com/
发 行 部:0553-3883578　5910327　5910310(传真)
印　　刷:苏州市古得堡数码印刷有限公司
版　　次:2024年5月第1版
印　　次:2024年5月第1次印刷
规　　格:700 mm × 1000 mm　1/16
印　　张:12
字　　数:163千字
书　　号:ISBN 978-7-5676-6702-0
定　　价:46.90元

凡发现图书有质量问题,请与我社联系(联系电话:0553-5910315)

# 前　言

随着数字化时代的推进，人们阅读习惯的改变和图书馆服务需求的多样化，图书馆服务环境设计显得愈加重要。这不仅仅是为了打造一个宜人的阅读场所，更是为了提升图书馆的吸引力和品牌价值。

本书旨在探究适合数字化时代的图书馆服务环境设计，考虑人们在不同场景下的阅读需求，以及服务质量的提升。我们将基于有效的调研和分析，结合实际案例提出差异化的解决方案并探讨如何通过技术手段来优化服务效率和提升读者体验。希望本书能够为现代图书馆提供对应的服务环境设计解决方案，从而打造适宜的阅读空间，为读者提供优质的服务体验。

本书以图书馆服务环境设计为研究对象，从设计基础理论与实践两个角度对图书馆空间服务环境设计进行了梳理和论述，并结合实践案例和笔者多年研究经验、成果展开写作，以期能为图书馆馆员以及其他室内环境设计者提供借鉴。

本书共分为七章。第一章对图书馆服务环境设计的基本概念以及实施步骤进行了阐述。第二章对图书馆服务环境系统构成的基本要素以及图书馆馆外环境、图书馆馆内环境、图书馆人文环境等影响因素进行了梳理分析，以此作为全书的设计要点。第三章论述了图书馆空间设计相关学科的基本概念以及它们之间的融合。第四章主要论述人体工程学在图书馆空间设计中的运用，并对人体工程学的概念、人体工程学在图书馆中的应用分析、读者的人体工程学需求、图书馆人体工程学应用案例以及图书馆人体工程学应用的评估等进行了论述。第五章主要论述环境心理学在图书馆空间设计的运用,先阐述了心理学与环境心理学的关系,再对环境心理学与图书馆空间设计进行论述,分析图书馆室内空间环境对读者的心理影响因素,提出"情""景"融合的图书馆室内空间环境设计原则,以及以读者为中心"情""景"相融的图书馆室内空间环境设计等。第六章论述图书馆服务环境空间再造设计,介绍了图书馆服务环境空间再造设计的概念以及图书馆室内空间设计要遵循动态发展的原则。提出要从人与室内空间环境需求方面着手,根据读者需求来组织空间达到室内空间再造的目的。第七章总结了图书馆服务环境设计的原则与思路以及在案例中的运用。

本书在撰写过程中参考和借鉴了大量前人的研究成果,得到专家和同仁的指导和帮助,在此表示感谢。由于笔者水平有限,书中疏漏之处在所难免,敬请各位同仁及读者批评指正。

李君燕

2023年8月于蔚然湖畔

# 目　录

# 第一章　图书馆服务环境设计的基本概念和实施步骤

随着信息化时代的高速发展,读者的需求在不断发生变化,图书馆必须进行各方位的改造与转型来适应读者需求的变化。图书馆不仅要为读者提供知识、咨询等服务,还应给读者提供一个用于学习和交流的服务环境。本章重点讲述图书馆服务环境设计的基本概念和实施步骤。

## 第一节　图书馆服务环境设计的基本概念

### 一、图书馆服务环境

服务环境中的“环境”可看作服务组织引起顾客心理反应的各种周围属性的综合,是指人们能够直接感受得到、看得见、摸得着的物质技术形态及其相关的环境因素,具体可分为实体(物理)环境和心理环境两部分。它不仅包括影响服务过程的各种实体设施,还包括许多无形的要素[①]。

图书馆服务环境就是为读者提供各种服务,以及读者获得图书馆服务并进行服务体验的自然(物理)环境和人文环境。它既是图书馆服务的“生产”场所,又是读者享受这种服务的体验场所,是图书馆服务的重要组成部分。服务环境的内涵包括了服务提供过程中所有的物质

---

① 鲁黎明.图书馆服务理论与实践[M].北京:北京图书馆出版社,2005:92.

与设备:图书馆建筑的坐落地点与外部环境;内部装饰、装修包括格调、色彩、外观、质量等;服务设备,包括智能化程度、运转的可靠性;建筑物,包括建筑风格、外观吸引力、与环境的协调程度;设施设备的布局,如服务功能区域和服务路线的安排。另外,服务过程中馆员与读者的行为和表现也将成为图书馆服务环境的有机组成部分[①]。它涉及图书馆服务系统中的四个因素:资源、过程、读者和场所。图书馆服务环境可分为实体环境和心理环境两方面。实体环境是具体的现实存在,可以看得到、听得到、触得到;心理环境则是读者的心灵感受,它是图书馆服务氛围的一个重要组成部分。图书馆的服务氛围是一种建立在服务理念、工作人员的服务态度、实体环境和一些其他因素上的气氛和情调,它是读者或馆员的一种个人感受,常由个人所创造,因人而异,因时间而异。营造良好的服务环境是图书馆提供优质服务的重要前提条件,而这主要依赖于科学、合理的服务环境设计。服务环境设计是指以图书馆的功能和设施布局设计为核心,对组成服务环境的所有区域和所有环境要素进行总体规划和设计。图书馆服务环境为开展各种无形服务奠定了有形的物质基础和无形的心理氛围[②]。

## 二、图书馆服务环境设计

图书馆是人类精神文化荟萃与传播的场所。随着时代的发展,读者的需求由过去的“图书馆有环境”发展为“图书馆优环境”。因此,图书馆规划设计的重点之一就在于创造一个优质的图书馆服务环境,让更多的读者体会“到馆如到家”的温暖。

图书馆服务环境设计是图书馆规划设计中非常重要的一部分,但长期以来我们对于这部分内容没有给予足够的重视,仅仅将服务环境当作美化图书馆的一种元素,而忽视了人对环境的感知和环境对人产

① 曾伟清.论图书馆服务环境及设计[J].情报探索,2005(3):107-109.

② 鲁黎明.图书馆服务理论与实践[M].北京:北京图书馆出版社,2005:94.

生的影响。图书馆的服务环境包括为图书馆的服务对象即读者提供各种日常服务的自然和人文环境[1]。图书馆的服务环境设计不仅需要考虑到读者的审美和自然生理需求,还需要考虑到读者的心理需求。良好的服务环境设计,可以调节读者的心理活动,增添读者的视觉美感,从而满足读者的情感和心理需求。在总体规划与施工设计时,我们必须充分考虑读者群体的各种需求,尤其是心理需求。换句话说,我们需要将读者的审美需求、生理需求和心理需求结合起来综合考虑,将其有机融合在图书馆服务环境的规划和设计中,还需要格外关心残疾人等弱势群体,为他们营造更细致周到的服务环境。

图书馆服务环境设计主要包括实体环境、服务设施、服务功能、服务标识、服务细节设计等。

### (一)实体环境设计

图书馆实体环境设计主要包括光照、温度、通风、声音、气味、色调等[2]。它们是影响读者是否愿意长时间停留在图书馆和再一次光临图书馆的基本要素。

1.光照

光线太强或太弱都会使读者感到视觉疲劳并损伤视力。一般情况下,白天应当采用自然光,因为自然光不仅光质好、光线匀、照度大,还节约能源。但如果太阳光过于强烈就会导致读者产生视觉疲劳甚至会伤害眼睛。因此,在设计图书馆环境时可以选择薄一点的和冷色调的窗帘,使读者能够在适宜的光照环境中学习。在自然光不能满足读者需要的情况下应采用人工辅助照明。人工照明一般选用荧光灯,因为它的光谱与日光较为接近,而且光线柔和、均匀,亮度适宜,视觉上较

---

① 鲁黎明.图书馆服务理论与实践[M].北京:北京图书馆出版社,2005:94.

② 曾伟清.论图书馆服务环境及设计[J].情报探索,2005(3):107-109.

为舒适[①],在一定程度上能影响和改善读者的生理与心理机能,使读者的阅读情趣得到调节和激发,从而诱发读者的灵感和创造思维,提高读者阅读的质量和效果。

2. 温度和通风

图书馆室内温度过低或过高都会引起读者身体不适,直接影响读者的阅读兴趣和停留时间。目前,许多图书馆采用了全封闭中央空调和全人工通风模式。在这种模式下想要控制好室温,不仅要在每个阅览室安装可自动调温的开关,还要在每个阅览室加装温度计,并按照国务院2008年7月通过的《公共机构节能条例》的标准和要求严格巡查和管理。

图书馆还要有良好的通风条件,否则,污浊的空气会使读者情绪烦躁甚至影响其健康。因此,无论是采取排气扇通风换气还是自然通风,务必要保持图书馆内空气的干燥度和新鲜度,使读者保持良好的精神状态。现在绝大多数图书馆的设施设备不断更新,基本实现了信息化,但是这些信息设备如交换机、服务器、计算机等发出的紫外线辐射对图书馆室内环境造成的污染不容忽视。另外,图书馆书库中陈旧、长时间无人翻阅的图书积累的灰尘等也对人体有害,再加上阅览室等地方人员相对集中,所以加强空气的流通尤其重要[②]。图书馆室内的墙壁、地面、书柜和桌椅等均要定期消毒和清洁。

3. 声音

图书馆是一个安静的阅读场所,噪声会使读者感到烦躁不安、注意力不集中。图书馆室内的声音来源主要是读者和图书馆工作人员行走和讲话时发出的声音。大多数情况下,室内噪声可通过合理选用装饰材料来减轻,比如弹性塑料、软木地面等均能起到较好的降噪效果。图书馆工作人员和读者可通过自律、标示提醒、劝导等方式减少噪声。

---

① 刘向荣.浅谈高校图书馆环境设计与读者的关系[J].科技情报开发与经济,2008(16):56-57.

② 韦柳燕,陈岚.浅论图书馆环境的人性化设计[J].中国市场,2007(52):198-199.

4. 气味

图书馆室内家具的油漆味、读者的体味、厕所的臭味、清洁用的消毒水味等都会直接影响读者的心情乃至生理健康。控制图书馆内的气味,一是选用环保的木制、钢木制、钢制等家具;二是要做好阅览室的通风和换气工作,保持室内清洁。

5. 色调

图书馆内各种家具、墙面、地面、绿化等的色彩均能对读者的视觉反应产生很大影响,让读者在心理上产生冷与暖、积极与消极等不同类型的感受,因此,图书馆室内的色彩一定要搭配得当。例如,一般采用浅色作为墙面的背景色,采用暖色进行点缀,这样的搭配能够使读者的压抑感得以减轻,满足其宁静、平和的环境需求。另外,各类家具的配置和布局必须要与图书馆整体环境相协调,使其表达出特定的文化特色,从而形成特定的审美氛围,使读者能够在精神和审美上获得良好体验。

### (二)服务设施设计

图书馆的服务设施设计旨在满足读者在馆内阅读、学习、研究等方面的设施需求,创造一个良好的阅读环境。以下是图书馆服务设施设计需要考虑的主要方面:

1. 硬件设施

硬件设施是图书馆中最基本的设施,包括门禁、书架、书桌、椅子、电脑等。服务设施设计需要充分考虑读者的需求和使用情况,合理规划硬件设施的位置和数量,使其方便读者使用。图书馆的硬件设施应该符合国家标准,经过科学选型和配置,保证其品质、安全性、舒适性。

2. 电子设施

随着科技的不断进步,电子设施已经成为图书馆不可或缺的设施,如数字化阅读和检索设备、电子阅览室、多媒体教室、网络技术支持设施等。这些设施为读者提供了更加便捷、高效的阅读和学习体验，同时也是图书馆智慧化建设的重要基础。

3. 安全设施

安全设施是图书馆必不可少的设施之一，包括消防设施、安全出口、监控系统等，保障读者在图书馆内的安全。安全设施在设计和建设过程中需要充分考虑安全性和可靠性，遵循国家有关安全规范和标准，确保馆内安全设施的完善，有效提升应急响应能力。

4. 环境设施

环境设施是图书馆设施设计中需要考虑的重要因素，如图书馆内的咖啡厅、卫生间、休息区等。环境设施在设计过程中需要考虑读者的休息需求和心理感受，为读者提供舒适的环境，以提高读者的体验感和使用效率。

5. 辅助设施

辅助设施是图书馆设施设计中不可忽略的一部分，如各种提示标识、指示牌、桌上插座、拓展窗口等。这些辅助设施虽然不是图书馆使用过程中最主要的设施，但同样是图书馆正常运营和服务的必备工具，为读者提供了优良的使用体验。

### （三）服务功能设计

图书馆服务功能区大致可分为读者阅览区、读者活动区、读者休闲区、培训展览区、文献储藏区、基础设备区、疏散撤离区、停车区以及服务人员工作区等。服务功能设计一定要遵从方便读者、方便管理、提高运营效率、降低运营成本的原则。一般情况下，为节约读者时间应为读者利用率高的空间设计比较短的行走路线，而为使用率较低或限制使用的空间设计较长的路线。同时，要处理好借、阅、藏、采之间的关系，将读者活动线路、工作人员工作线路和书籍加工运送线路合理地组织区分，避免彼此活动带来的相互干扰[①]。

（四）服务标识设计

图书馆服务标识设计包括楼层标识设计、走廊标识设计、门厅标识设计、区域环境标识设计、电梯标识设计以及其他功能区标识设计等。服务标识设计应严格遵循公共信息图形符号有关标准，运用人体工程学、色彩学、材料结构学等方面的知识，制定出符合区域环境、文化特色等实际需要的标识系统，最大限度地体现标识系统的使用功能和装饰功能。

（五）服务细节设计

图书馆服务细节设计包括绿化装饰品设计、陈设艺术品设计等。绿化装饰品如果设计得好，不仅可以美化环境、净化空气，还可以在一定程度上调节图书馆内的温度、湿度，减少噪声，减缓读者疲劳。图书馆内的绿化植物一般选择易成活、少虫害的植物，应根据各类装饰植物独特的形态和特有习性选择合适的摆放位置和摆放形式，还要综合考虑与周边整体环境的协调统一，尽量做到和谐相宜。壁画、字画、雕塑等陈设艺术品要能充分体现图书馆服务环境的专题特色和文化氛围。在设计与布置装饰品时，不同的功能空间需要使用不同的艺术品进行装饰，以营造出不同风格的阅读空间。

图书馆是人类精神文化荟萃与传播之所在，对读者的成长与发展起到了举足轻重的作用。环境是无声的课堂，优质的图书馆服务环境对读者健康品格的塑造起到了教化作用，读者对服务环境的需求也由过去的“图书馆有环境”提升到“图书馆优环境”。因此，图书馆人性化服务环境设计是图书馆整体规划设计中非常重要的一部分，应予以足够重视。

---

① 蔡冰.图书馆读者服务的艺术[M].北京：国家图书馆出版社，2009：4.

## 第二节 图书馆服务环境设计的实施步骤

在现代社会中，图书馆已经不是一座只提供书籍借阅服务的书库了，而是一个涵盖多种服务的开放式学习空间。如何实施一个成功的图书馆服务环境设计是一个挑战。本节具体从以下几个方面展开论述，以帮助相关人员实施一个成功的图书馆服务环境设计。

### 一、用户需求研究

在制订图书馆服务环境的设计计划之前必须要了解读者的需求和期望，相关人员可以通过问卷调查和访谈等方式获取读者对于服务环境的看法、需求和期望。这些反馈可以帮助他们制订一个更加符合读者需求的设计计划。

### 二、设计目标的制定

基于读者研究的结果，相关人员可以进一步制定清晰、具体的设计目标。例如，通过提供充足的光线和舒适的座椅来创造一个舒适的阅读环境或者通过提供隔音效果好的独立空间来创造一个适合独立学习的环境。相关人员应该确保每个设计目标都是可衡量的，并且要在实施过程中进行评估。

### 三、空间规划

空间规划是实施步骤中最重要的一步。在空间规划阶段，相关人员需要决定如何将空间分配给功能不同的服务区域以及如何摆放家具和其他设备。相关人员应该确保空间布局符合设计目标并且给读者留出足够的活动空间。

## 四、家具和设备选购

相关人员应根据设计目标和空间规划来选购家具和设备。在购买家具时应优先考虑其舒适性和耐久性,还要考虑到美学方面的因素;同时必须确保所有设备通电后能正常使用。

在选择家具和设备时,相关人员应该考虑其可持续性。例如,选择可回收和可再利用的材料,选择低耗能的灯具和环保涂料等。相关人员还可以通过使用清洁产品和回收垃圾等方式来降低图书馆服务对图书馆环境造成的影响。

## 五、环境安全

在实施图书馆服务环境设计时,相关人员必须考虑环境的安全问题。这包括灾难预防和应对计划、建筑物安全要求和安全设备的选择等。管理员还应该定期对图书馆服务环境进行安全检查以确保安全措施的有效性。

## 六、评估和调整

一旦图书馆服务环境设计得到实施,相关人员应该对其进行评估,可以通过收集读者反馈、观察使用情况等方式确定图书馆服务环境哪些方面已经成熟哪些方面仍需改进。根据评估结果,相关人员应该定期对服务环境设计进行调整以适应读者需求和行为的变化。这些调整包括重新布局空间、更换家具或增加服务。

随着技术的发展,图书馆服务环境已经不再是纯人工操作的了。在实施设计方案时,相关人员应该考虑选购图书馆服务环境所需的技术设备,例如电子阅读器、计算机和打印机等。相关人员还应该确保所有技术设备能够正常运行并针对读者的需求进行维护和更新。

## 七、持续改进

图书馆服务环境的设计和实施是一个持续改进的过程。相关人员应该定期对图书馆服务环境进行评估并在收到读者反馈后尽快采取整改行动以适应读者需求和行为的变化。相关人员还应该保持与其他图书馆管理员和业内专家的联系并积极学习成功经验和新技术,以不断优化图书馆服务环境。

总之,设计和实施一个成功的图书馆服务环境需要相关人员考虑多个因素,包括读者需求、空间规划、环境安全等。相关人员要定期评估并采取持续改进的措施,以确保图书馆服务环境能够为读者提供最佳的阅读和学习体验。

# 第二章　图书馆服务环境设计影响要素分析

现代图书馆环境设计首先应遵循“以人为本，读者第一”的服务理念，环境设计要人性化。其主要设计内容包括图书馆建筑的外部环境、内部环境、人文环境、环境与读者的关系等多个方面。本章主要探讨这些要素对图书馆服务环境设计的影响。

## 第一节　图书馆环境系统构成的基本要素

### 一、外部环境

图书馆建筑的外部环境是指建筑物所控制的一个区域及其周边的环境。其范围的大小是由建筑物的功能和特点决定的。图书馆外部环境包括道路、绿地、广场、环境小品、庭园等物理空间，还有一些过渡性空间，如走廊中庭、露台、内天井、屋顶花园等。它们通过绿化手段与建筑物的场景结合起来，如在水平、垂直两个方面利用适当的植物布置，形成季节性的景色变化，使单调刻板的建筑立面在树木、花草的映衬下楚楚动人，从而为在其中工作和学习的人们营造一个良好的物质环境。

图书馆外部环境的设计要考虑很多方面：在馆舍选址上应避免周围有较高的建筑物，或处在一个空间封闭的地域。公共图书馆应设在城市的主要文化区中，高校图书馆则应选址在学校的中心地带，均以方便读者和体现城市或校园的形象为首要原则；同时在其周边可布置花草树木、雕塑、假山、花坛、喷泉等，保证整个环境的协调一致，营造出犹如一幅清新的水粉画的意境。画中青青的草坪、幽深的长廊亭台、星星点缀的叠石，形成一种幽雅宁静、淡泊深远的治学氛围。

首先，图书馆外部的环境要注重图书馆造型、颜色等的设计。建筑的高度、体量、布局等都会直接影响到读者对图书馆的印象和使用体验。一个高耸的图书馆会给人强烈的视觉冲击从而使人印象深刻，而体积小的图书馆则会让人感到亲切和温馨。在建设和装修图书馆的外立面时，应该注意图书馆的文化风格和建筑的环保性，建议大面积采用环保建材进行装修，通过美观、大方、富有艺术性的设计凸显图书馆的文化气息，如馆名的字体应具有独特的艺术性，通往图书馆的道路要曲直合理、宽窄适度，路边的绿化要让人感到舒适、宁静。

其次，图书馆建筑的周边环境要适宜，要求周边没有噪声污染，尽可能避免污染源的存在；考虑到周边交通，建议将图书馆建在主要文化区中远离车流量大的道路的地段；要求所处地段工程地质及水文地质状况良好，能够避免地震、水灾等自然灾害的影响；要求远离爆炸、粉尘、大气污染、强电磁波干扰等污染源，并按照有关法规设置防护距离；建筑物应独立建造，为周边的持续发展留有余地。

最后，图书馆的外部环境优化主要在于图书馆建筑周边的环境绿化。根据国家相关标准，图书馆建筑周边的环境绿化覆盖率应当不少于30%，同时可以根据当地的具体情况进行适当的调整。为了实现更好的生态效益，还应充分考虑周边植被的物种合理性、生态适应性、景观效果等因素，做到科学规划、合理布局、精心建造、周密维护；绿化树种最好选择能有效净化空气的树种，避免选用花絮飞扬、气味难闻的树种。另外，图书馆建筑四周应根据地形地貌设计花园广场，必要时可以用花坛、喷水池、假山、凉亭、石凳、雕塑等艺术装饰合理布局，既起到烘托气氛、美化环境、提高品位的作用，又保证读者有足够的户外活动与休息场所。如法国国家图书馆是由四幢高约80米的对称塔楼组成，塔楼中心为内部花园。花园占地0.034平方千米，是公众游览和休憩的好去处。这个花园位于大楼南侧，种植着桦树、银杏树、榆树、梧桐树等园林植物，园中还有一个小湖和一些小雕塑。把绿化带设置在群楼的中心，不仅布局巧妙，还突出了绿色植物，实现绿色生态图书馆的创意及追求。又如美国加州图书馆将阅览室与一系列敞开的庭院相结合，成功地将天空、水体、沙漠植物、岩石甚至风、雨等自然要素注入其中，空间内外渗透着艺术、人情与自然的协调，将人对自然的情感体验提升到一个更高的境界。我国国家图书馆、清华大学图书馆等图书馆的设计者，在建筑周围精心设置了绿地和小花坛，还在宽阔的庭院中布置了假山、翠竹、喷水池和艺术小品。这些设计为读者创造了一个宁静典雅的外部环境，使读者不仅可以沉浸于知识的海洋，还能感受到大自然的美妙。

综上所述，图书馆外部环境的影响因素涉及多个方面。因此，在建设和管理图书馆外部环境时，需从建筑外立面、绿化环境、交通环境、周边环境等角度全面考虑。只有综合考虑各种因素，创造出一个优美、舒适、安全、便利的阅读和学习环境，才能吸引更多的使用者前来阅读和学习。

## 二、内部环境

内部环境是指图书馆室内空间的布局、室内装饰、家具设备、照明以及色彩等。图书馆内部环境的设计，应本着“以人为本，读者第一”的原则，注意各环境要素的协调统一，避免单调、枯燥的室内布局与氛围，尽可能地展现人与自然之间的和谐关系，为读者营造一个美好宜人的学习环境。这样做不仅能够提高图书馆的服务质量，还能够提高读者的满意度和知识获取效率。

图书馆的内部环境主要体现在室内空间的布局上。室内空间的布局应该合理紧凑，家具和设备的选择应各具特色。同时，光线明亮、空气清新、温度适宜并有花卉盆景等小品点缀的室内环境，能让读者感到舒适，从而满足读者在精神和生理上的需求。优美而舒适的馆内环境和视觉感受能够使人精神振奋，让读者一走进图书馆就如沐春风、心情舒畅，这对于激发读者的求知欲、减轻疲劳、消除紧张情绪、提高学习效率、保持身心健康都起着非常重要的作用。具体来看，内部环境设计有以下几个要点。

第一，要求空间布局合理。图书馆的空间布局同图书馆的特定功能联系在一起。随着时代的发展，图书馆的功能也会发生变化，这就要求图书馆的空间布局要适应时代发展。只有按照读者、馆员的活动流程作合理的布置安排，才能最大限度地发挥图书馆的功能。鉴于此原则，图书馆建筑一般采用块状、条块和环状，特别是中庭式的环状空间布局，能使各个房间都拥有良好的采光、通风条件。另外，图书馆内部藏书体系和工作空间布局也要紧凑合理。现代图书馆设计以全开放式的大空间布局形式呈现，其中包含了各种不同类型的阅读、学习、交流和休息区域。这些区域可能会有分割或者不同的区域规划，会根据读者的需求进行不同的布置，打破了以往图书馆内以实体墙分隔的传统做法。图书馆可以设置独立的讨论室、研修室等以满足部分读者私密性学习需求的同时，还可以在大空间中通过书架、沙发、隔断、绿化以及灯具等，将空间进一步围合或划分，形成分隔而又相通的空间。这种布局方式能够有效地满足不同读者在学习时的个性化需求，既能提供一个更加自由开放的学习空间，又能保持一定的学习私密性。例如，采用书架来分隔空间，既能够装载和组织书籍，又可以作为隔断来创造一个相对私密的学习空间；沙发则可以为读者提供更为舒适的阅读体验，让他们在学习中感受到更多的温馨和舒适；隔断可以屏蔽噪声和其他干扰因素，让读者更加专注；绿化和灯具也可分隔空间，同时为图书馆增添艺术气息和美感。这些布局手段相互协调，共同创造出一个优美、舒适的阅读和学习空间[①]。目前，在现代图书馆中，采用多样化的书架来分隔学习空间是一种常见的布局方式。以英国圣玛丽中心利奇菲尔德图书馆为例，该图书馆的设计者采用了弧形书架，将图书馆的空间分为多个小的学习空间，充分保证了读者的个人私密性。采用这种书架布局方式，不仅能够很好地分隔学习空间，还可以让读者在一个相对私密的环境中学习、思考和研究，提高学习的效率和专注度。同时，这种书架布局方式还可以为读者带来视觉上的美感，为图书馆的整体设计增添魅力。这样的设计使图书馆整体布局更加灵活，不仅为图书馆以后的发展留有余地，同时也为读者提供了便利，方便读者自由进入馆内的书库、阅览室等公共阅览场所，真正实现借阅一体化和全面开架借阅服务。

第二，家具要美观统一。图书馆的家具既要美观大方、舒适耐用，还要配套，具有统一的色彩和风格。如阅览桌、借阅台、办公桌、书架等要做到与整体环境相协调，在功能的设计上又要根据不同的阅读需求达到实用目的，在图书馆的适宜位置安置一些非阅读的消遣性座位，给图书馆增添一点“闲适”之美。具体可以从以下几个方面考虑：①家具的颜色尽可能统一。可以选择比较中性、舒适、耐看的颜色，如原木色、白色、黑色、灰色等。同时还应该考虑家具颜色与图书馆整体环境的搭配，不宜使用过于花哨的图案，避免对读者造成视觉上的刺激。②家具材质建议采用质量较好的材料，如实木、板材、钢铁、玻璃等。同一类别的家具材质应相同，不同类别的家具材质也应相对统一。这样不仅可以保证家具的稳定性和使用寿命，还可以保证家具在颜色、光泽度、纹理等方面的一致性。③家具的设计风格应该统一，可以根据图书馆整体风格进行选择和搭配。例如现代简约、北欧、美式等风格都比较适合图书馆环境。家具的造型应该简洁、大方，不应该过于复杂或浮

① 王蔚.高校图书馆学习共享空间设计的新趋势[J].图书馆建设，2013(7)：66-69.

夸。④家具的尺寸比例应该统一。图书馆选择家具需要考虑人体工程学、卫生标准、通道宽度等因素，以确保读者能够在舒适、安全的环境中阅读和学习。家具的高度、宽度、深度、间距等应该有一定的标准。⑤采购时应该选择质量可靠、信誉好的品牌，以确保家具的品质和售后服务。可以通过调查、比较、参考其他图书馆的采购经验等方式来选择合适的品牌和供应商。⑥在图书馆家具的设计和选择中应该考虑一些安全防护措施，例如书架、桌椅等家具的表面应该光滑平整，尖锐的边角用防撞护角包住，避免对读者造成伤害。⑦家具材料应选择环保材料，在图书馆家具的选择中应该优先考虑环保材料，减少家具对环境的污染和影响，保护读者、馆员的健康。

第三，室内装饰的自然美化。在现代图书馆的建筑设计中，应突出室内装饰的“自然之美”，营造一种清新自然的文化氛围。室内环境的审美主要取决于其环境氛围、造型风格和象征意义，而室内装饰是突出这三种主要审美特征的有效方法。因此，在室内装饰设计中应充分反映图书馆建筑的典雅特征和创作构思的统一性，并体现出富有个性的文化意识、意味深长的文化意境以及韵味十足的文化情趣。利用有限的空间和经费切实有效地处理好室内装饰，在不同的地点和空间采用不同的绿化装饰会产生不同的装饰效果，如在宽敞和读者出入频繁的大厅应放置些大盆景，如橡皮树、散尾葵等，使大厅显得高雅气派；在宁静的阅览室可放置一些株形优雅的叶片植物，如幸福树、文竹、青宝石等，这样会使阅览室多一份幽静；在书架林立、相对拥挤的书库中摆放几盆小盆景，比如绿萝、韭叶兰或野白菊等，可以让人感到耳目一新、神清气爽。这些小盆景适度点缀在书架间，既不会影响图书的存放，又能为图书馆增添些许自然气息，让图书馆变得更加温馨宜人。尤其是绿萝这种植物，不仅能够净化空气，还能起到一定的隔音、降温的作用，为读者提供更为舒适的学习环境。

第四，内部环境要合理运用开放性和灵活性的设计思想，要将民族性、地域性文化充分融入图书馆建筑设计之中。中华民族历史悠久，民族文化源远流长，中华民族在长期的发展过程中形成了极其鲜明独特的民族文化和地域文化。现代图书馆建筑应重视对民族性、地域性的理解，在大胆吸收国外建筑文化、设计理念的同时延续地域文化脉络，挖掘各民族建筑文化的精髓，恰如其分地融合不同文化，使图书馆既体现时代精神又展示出独特的民族特色、地域风格。设计时在遵守共性的同时又要尊重个性，如以师范教育为主的综合性高校图书馆建筑就应把孔孟思想、师德、文化教育的主题体现在设计中，通过壁画、浮雕、雕塑等手法及各种流派的文字、图案深化主题活化建筑，使建筑更具生命力和艺术活力。

就内部环境而言至少应达到以下几点要求：

（1）满足采光标准。除有特殊功能要求的用房外尽量利用天然采光，采光标准要达到《图书馆建筑设计规范》（JGJ 38-2015）与《建筑采光设计标准》（GB 50033-2013）中的有关规定。人工照明在有日光的情况下作为辅助采光措施，但在夜间开馆或遇阴雨天气时，人工照明即为基本的采光手段，所以必须设计足够的灯具保证光照度。天然采光部位应配备遮阳窗帘或设置卡布龙过滤层；人工照明应选用具有环保节能、养眼护目功能的灯具，切忌眩光。研究表明，适当的自然光能够提高人的情绪并调节人的生物钟。在图书馆中采光应该足够，以确保读者在明亮的环境中阅读和学习。

（2）保证空气清新。整幢建筑尽量以自然通风为主，即使安装了空调也要留有足够的换气窗，以确保新鲜空气可以流通到图书馆的每个角落。此外，根据需要还应定期清理通风设备。图书馆的空气质量对读者的阅读和学习效果有很大影响。在过去的几年中，许多研究已经确定室内环境的空气质量和学习效果之间的关系。室内空气污染物包括多种化学物质、细菌和病毒等，馆内应该注意保持空气流通，定期更换空气过滤器并确保馆内有正常运行的通风系统，以保证空气质量处于最佳状态。文献复印室、卫生间等空气污染较重或容易产生异味的地点,应安装强制通风设备定期净化室内空气。

(3)温度、湿度应保持适宜。一般来说,满足文献保护与读者适应的室内温度、湿度要求为:冬季温度20℃~25℃,湿度50%~55%;夏季温度24℃~28℃,湿度55%~60%。

(4)室内装饰应具有浓厚的文化和艺术氛围,可以使用科学、文化名人的肖像、字画或具有较高艺术性的工艺品进行装饰。同时,适量的绿色植物盆景点缀其中,也能为图书馆营造出自然、舒适的氛围,让读者感受到精神上、文化上和艺术上的享受与熏陶。这样的装饰设计能够充分体现图书馆作为先进文化发展方向和传承创新科学思想重要基地的文化特质。在进行装饰时,需要注意宜精不宜多,宜简不宜繁,不要过度地堆砌物品,而是要以简约、大气的风格来布置,突出装饰品的独特和精美。同时,装饰品的摆放布局要合理得当,不要过于拥挤或杂乱,也不要影响读者的正常阅读和学习。这样才能让室内装饰充分发挥作用,为读者带来更好的视觉体验,增加图书馆的文化魅力。

(5)要注重减噪设计。图书馆内的噪声主要来自读者和工作人员的交谈和走动,以及各种设备的启动、运转和移动。为了让室内的隔音效果更好,可以采用合适的材料和构造,减少声波反射、共振和回音,以此减少噪声的传播。例如,通过使用吸声墙、吸声天花板和地毯等隔音材料来分隔动态区域和静态区域。同时,在室内设计时还可以设置安静的学习区域,给读者提供一个安静的学习环境,让他们能够更加专注和高效地阅读和学习。此外,还可以采用一些技术手段来减少噪声,如安装隔音门、隔音窗等。这些措施可以最大限度地消除噪声,提升图书馆的环境质量,让读者能够在一个安静、舒适的环境中阅读和学习。

(6)引进绿色设计使室内环境绿起来。绿色是大自然的主色调,它象征着生命与活力。绿色植物能吸附大气中的尘埃,使周围的环境得到净化。将绿色植物引入室内空间对于提高室内环境质量、满足人们的心理需求、协调人与环境的关系具有积极的作用,有利于发挥出读者的学习潜能,提高读者的学习效率。绿化具体有以下几种作用[①]:①绿化能改善图书馆的室内环境。绿色植物是大自然的杰作,是大自然馈赠给人类的一份珍贵礼物。绿色植物能吸收二氧化碳、一氧化碳、甲醛等有害气体,同时释放出氧气,从而提高室内空气质量,有利于人的身体健康,还能使图书馆变得赏心悦目、生机盎然、充满活力。另外,绿化装饰对调节读者的视力,消除由于长时间阅读而引发的大脑疲劳大有益处。②绿化能调整读者的情绪。在贴近绿色自然、充满生机的图书馆里,读者能放下紧张、焦虑的情绪,以愉悦、平静的心情阅读书籍,消除阅读学习中的枯燥和单调感,使读者从视觉和心理上感到舒适、轻松、愉快。③绿化能改善室内空气,保护书籍。空气中的有害气体和灰尘是危害书籍的重要因素。要减少有害气体、灰尘对书籍的破坏就必须降低空气中有害气体的含量,阻挡和减少灰尘的侵入,绿化可以完成这个任务。因为绿化可以吸收空气中的有害气体,对烟灰、粉尘有阻挡和吸附作用,从而净化图书馆室内空气。同时,绿化还可以通过蒸腾作用调节周边的空气湿度,进而调节局部小气候。有些植物如吊兰、绿萝等还可以分泌杀菌素,杀死对人体有害的病菌。

因此,在图书馆室内环境的设计与布置中应尽量将大自然的风光引入室内。读者伏案攻读之余,绿色植物映入眼帘,视力得以保护,疲劳得以消除,心情得以调节,思路得以畅通。

### 三、人文环境

人文环境主要指图书馆馆员的行为表现,主要表现为人员的气质、言行和服务质量。图书馆是传播知识、产生思想、成就人才的知识殿堂,是重要的文化场所,属于社会人文现象之一。人文属性是图书馆与生俱来的本质属性,弘扬人文精神是图书馆建筑设计中必须体现的基

① 李君燕.简论高校图书馆的环境设计[J].滁州学院学报,2009(6):96-97.

本理念与根本使命[①]。

心理学者与环境学者均发现环境能影响人的行为。如果图书馆为读者创造出一个明快、清新、幽雅、整洁的阅读环境,就可以陶冶人、净化人、感染人,一些不文明的阅读行为就会得到遏制。创造一个具有浓厚人文氛围的环境,对读者的身心发展有着重要意义。图书馆幽雅整洁的学习环境、深厚浓郁的学术氛围,能使读者在其中接受到人生观、世界观的教育。同时,通过展览、绘画、雕塑等艺术形式所展现的人文内涵,烘托出图书馆的人文氛围,使读者感受到心灵的震撼并受到美的熏陶,使浮躁的心情趋于平静,空虚的灵魂变得充实,从而在潜移默化中达到提高其人文素质的目的。

现代图书馆大到建筑外形、内部设施、殿堂装饰,小到桌面的小摆饰,处处都闪耀着人文的光辉。许多图书馆学者已经把研究的目光转向图书馆建筑、内部结构、阅览环境、色彩搭配等方向。国内外大多数图书馆建筑的色彩和造型庄重而典雅,既能够体现浓厚的人文意蕴,又能够展示该图书馆的特色。许多图书馆成为所在地区的标志性建筑。这些图书馆的内部结构设计以方便读者行走和查询为宗旨,公共通道空间适宜,引导标志醒目;室内设计更加关注读者对空气和阳光的自然感受,空气清新,阳光充足;在色彩调配上,讲究艺术和人文的完美结合,如目前图书馆色彩运用主要是要突出图书馆庄重宁静的特点,基本倾向于使用一至两种凝重深远的主流色彩,再搭配与之相应的辅助色彩[②]。

图书馆是知识的殿堂,其陈设要具有深厚的文化底蕴,可放置雕塑,如石雕、木雕、根雕、石膏像等。图书馆在装饰墙壁时可选择与图书馆风格相协调的壁画、壁挂、书法、绘画及名人名言等,既庄重又不呆板。宣传品的内容也要充分体现出知识性与科学性,并及时更新。

① 张志宁.论以人为本与高校图书馆建筑[J].中国图书情报科学,2004(2):4.
② 孔敏.人文精神在图书馆的发掘和显现[J].图书馆论坛,2004(2):29-30.

尽量使图书馆的文化气息蔓延到各个阅览室，激励读者去博览、去探索、去汲取知识的营养。如俄罗斯列宁图书馆中由大理石方柱和圆形彩灯围成的长廊，阅览室墙上的壁画都相当精美，随处都有历史伟人或科学家的雕像，他们或坐或立，或沉思默想，或凝眸远眺，营造出一种富有诗意的文化氛围。读者在这里可以远离城市的喧嚣，得到知识艺术的熏陶。

图书馆的服务要体现人文关怀，图书馆馆员的素质决定着图书馆服务的水平。在美国有这样一种说法，在图书馆所发挥的作用中，图书馆的建筑物占5%，信息资料占20%，而图书馆馆员占75%，即图书馆馆员在当地图书馆的服务中，具有相当重要的作用，也很受人尊敬。他们非常勤奋、敬业、负责。当然，图书馆的管理者对馆员的要求也很高，每年都要进行严格的考核。一般规定图书馆馆员要取得两个硕士学位，一个是图书馆学的，还必须是由美国图书馆协会所认定的大学图书馆信息系硕士学位；另一个是其他学科的硕士学位。这样，馆员既掌握图书馆的专业知识，又掌握一门其他学科的专业知识，便能更好地为读者服务。

要让图书馆处处充满人文精神，必须在细节上认真布置，如在文献资源空间分布上，要有合理的藏书布局，改变过去那种书刊分离、各自建库的旧布局体系，建立书刊合一的阅览室。我们可以将同学科、同门类及相关的图书、现刊、过刊集中起来，尽量缩短读者查找资料的时间；还可以编制图书、期刊精确位置的电子地图，读者进库后，即可快速地查找到所需的图书资料。服务要高效、精准，还要有足够的开放时间[①]。

图书馆的人文精神越来越多地表现在管理和服务行为中，如香港科技大学图书馆充分体现了开放意识和资源共享意识，向有需求的人敞开，每周向读者开放91个小时，且读者可以自由进出，不检查证件。

① 张根叶.论高校图书馆人文环境建设[J].图书馆工作与研究，2004(3)：88-89.

文献检索查询和阅览设施的设计更是以人为本，力求简便快捷。澳门中央图书馆用服务承诺的方式让读者进行监督，如关于图书资料借阅服务就明确规定：办理外借续借、归还图书资料的处理时间为2.5分钟，报失图书资料的处理时间为5分钟。每个工作人员的工作台前都会标注该工作人员能用何种语言为读者服务。

### 四、图书馆环境与读者

心理学研究表明，环境能对人的思想和行为起到诱导作用并使其受到潜移默化的影响。教育家陶行知先生说过，一种生机勃勃、稳定和谐、健康向上的环境氛围本身就具有广泛的教育功能。

图书馆建筑要以其巨大的空间形象反映图书馆的主题，当读者步入图书馆时就有一种步入科学殿堂、跨进知识海洋的神圣感，激励读者奋发拼搏。著名教育家苏霍姆林斯基说过，环境美是由能唤起愉快情绪的天然造化和人工创造的那种和谐促成的。图书馆的环境和谐、优美，能使读者心情愉快，并能伴随其产生许多的联想。例如，在图书馆楼前的广场上如果有一片绿色的草坪，这片草坪就同壮美的建筑物相得益彰，如果在绿色草坪中再设计一尊具有象征意义的雕塑，就会产生特殊的效果。再如，馆舍内部的环境，除了书架图书排列整齐，陈设基调明确、风格统一外，还应营造出使读者渴求知识、奋发向上、净化心灵的气氛。在适当的位置挂上伟人名家的肖像、名言、警句，既能美化环境，又能给读者树立榜样，使读者刻苦攻读、严谨治学。

## 第二节　图书馆内外环境影响因素分析

图书馆的使用功能始终是第一位的，所以在设计馆舍时，整体布局既要兼顾审美功能，又要最大限度地发挥其使用功能。现代图书馆实现了借阅一体化与管理方式的自动化、社会职能的扩大化，将不再以藏书为中心,而是以读者为中心,服务手段、方式与传统图书馆呈现出明显的区别。所以,想要充分体现新时期的新特色,设计者既要考虑图书馆的整体布局又要兼顾图书馆的局部设计,既要考虑图书馆内部环境影响因素,也要考虑图书馆外部环境影响因素。

## 一、室内美化环境设计

### (一)图书馆的绿化设计

图书馆内到处都是白白的墙壁、密密的书架、层层的藏书、一台台的电子设备,很容易使读者产生视觉单一、厌倦的感觉。为了给读者创造一个亲近自然、生机盎然的阅读环境,我们可以在图书馆内布置一些绿色植物等。

### (二)图书馆的特色装饰设计

1.新书展示架

在图书馆的环境布局中,柱子的布置往往是一个较为棘手的问题。因为柱子会给人留下单调重复的空间印象。为了改善这种情况,可以将各个阅览室的方柱进行装饰,转化为简洁的新书展示架。这种利用现有物体进行造型装饰的方法不仅美化了室内环境,还丰富了阅览室的功能。

2.主题挂画

利用与特色服务内容相关的艺术图片或油画来装点图书馆的墙壁是一种非常有效的装饰方式,可以进一步强调特色服务的氛围。这样的主题挂画不仅能够美化图书馆的室内环境,还能更好地凸显特色服务的主题和特点。

3.漫画

图书馆在墙面、天花板、地面、服务台、隔断上都可以采用具有动漫趣味的色彩和风格进行装饰，并通过装饰体现出不同功能区的不同特色，还可以利用室内的立柱设计不同的造型装饰。

## 二、家具采选原则

图书馆一向是家具分布比较密集的场所。图书馆的家具一般有上百种，按基本功能可分为典藏家具、阅览家具、办公家具、其他家具四种类型；按形式可分为架类、柜类、桌类、椅类、书车类等；按使用场所可分为读者及公共场所家具、业务用家具、办公类家具；按制作家具的材料可分为木制家具、钢制家具、钢木制家具；按风格可分为民族型家具、现代型家具等。

家具布置本身就是图书馆室内设计的一部分。不同的家具设计与布置会展现出不同的空间特性，并反映出人们不同的生活方式和爱好。因此，家具的设计与布置是现代图书馆室内建筑设计中极为重要的部分。家具布置不仅是图书馆设计理念的一部分，还是最基本的部分。图书馆的正常运作，必须依靠家具来表达、衬托。书架、桌椅等，均须合理安排和布置。家具布置对图书馆来说已经不是重要不重要的问题，而是图书馆建筑设计的核心内容①。只有将家具布置与建筑结构、功能需求等因素合理融合，才能使图书馆设计达到一个良好的效果。

以往的图书馆建筑均是由建筑师设计并建好馆舍后，再由图书馆采购家具。如此一来，很难发挥整体的调和感。鉴于此，家具设计最好是由建筑师统筹、协调，图书馆负责人全程参与，选择适合本馆特色和建筑风格的家具，并配合水电、空调、综合布线才能达到完美。图书馆家具配置除了要遵循家具的艺术性、工艺性、科学性原则外，还应结合各馆自身的实际需要。

① 常林.数字时代的图书馆建筑与设备[M].北京:北京图书馆出版社,2006:218.

（一）与环境的相融性

与环境的相融性是指与整体建筑风格的协调一致。图书馆家具的布置首先要考虑图书馆的环境，家具的配置应与图书馆环境相一致，要从家具的造型、材质、类型、形体、大小、安排的位置等全方面考虑。因为家具是由设计人员赋予审美的特质，体现出的某种视觉倾向，若与环境非常和谐，它便能表达出某种文化意味，形成特定的审美氛围，使人获得审美体验和精神享受。这意味着家具所营造出的意境与环境相融洽，环境空间、界面、家具及陈设布置浑然一体，使家具在人与环境之间起到了润滑剂作用[①]。

如上海图书馆整体建筑造型简洁明快、和谐统一、庄重典雅，具有上海近代建筑风格的气息，新馆的内部装饰与总体环境、建筑造型相协调，格调清新、品质高雅、简洁明朗。图书馆的家具，特别是读者和公共场所的家具应和整个建筑相呼应，和室内装饰密切配合，要具有实用、美观、大方、稳重、色调和谐的特点，为读者阅读和学习创造优美的环境条件。

上海图书馆新馆的善本与古籍区域，装修上借鉴了传统的江南建筑特色，内涵同用途相匹配，该区域的家具采用传统的、在明代家具基础上改进的红木家具。以优质的花梨木为基材，经过精细的雕刻、加工，采用榫卯连接，表面采用高级大漆碾磨，既体现了民族特色，又考虑了舒适性，形成了鲜明的地方文化特色。

又如，为了与首都图书馆的现代风格的装修效果相一致，同时具备耐用性，首都图书馆阅览室内的家具和书架均采用了钢制结构，配以木制装饰板对部分书架、期刊架进行包装。木制装饰板采用欧洲家具流行的原色木纹，钢制结构表面采用浅色漆装饰，达到了家具风格与阅览环境及整个大楼建筑风格的和谐统一。

---

① 常林.数字时代的图书馆建筑与设备[M].北京：北京图书馆出版社，2006：219.

(二)符合使用的功能性

图书馆的文献载体品种多样,在形式上和规格上有很大的区别,有纸张的,有胶卷的,有唱片、录音、录像带的,即使是纸张型的,还分为报纸、图书、期刊,有大开本的,有小开本的,有胶装的,有线装的。因此,需要根据不同形式的载体,制定不同的收藏方式,即使是同一品种,也存在着大小尺寸的不一致,如新中国成立前后的报纸尺寸,不同种类在长度上相差近5厘米,在确定报纸合订本架时,必须考虑这个因素进而区别对待。

读者使用的家具也有很多不同的功能,如普通图书阅览桌与报纸阅览桌不同,还有电子阅览室阅览桌、视听阅览桌、古籍阅览桌、OPAC检索用桌等多种类型的阅览桌,需要根据功能确定不同的家具类型。

(三)注意标准化、规格化

图书馆的家具要力求统一规格、统一标准,由于图书馆经常根据读者要求及功能需要,对布局做出调整,这就需要家具标准化、规格化。再者,从图书馆建筑要求看,柱网、层高等都有相应规范,目前所使用的许多现代化设备都已统一规格,家具也应与之相适应。同时,只有家具标准化才方便选购、布置以及后续的后勤工作。目前,我国的图书馆家具等图书用品设备有些已颁布实施国家标准,如阅览桌椅、书架、期刊架、书柜、图纸柜、目录柜等。因此,在选购家具时应以这些标准为依据。

(四)注重牢固性和耐用性

图书馆作为公共建筑,人流量较大,这就导致内部设施容易损坏,然而经常性地大规模调换家具是不可能的,因此在家具采选时必须着重考虑这个因素。特别是在选材和工艺制作上,要特别重视。如图书馆家具的木材应是上等的，工艺上要经过烘干处理，使木材的含水率控制在12%左右。钢制家具的板材，均要求为优质的冷轧薄板，表面要经过酸洗、碱洗、磷化处理，确保成型后的家具不被锈蚀，达到经久耐用的目的。

如阅览桌椅要在充分考虑美观、舒适的前提下，尽量采用钢制材料，同时在框架上加强连接杆，提高桌椅的整体性。书架尽量也采用钢制材料，并在结构上采用整体框架结构，在与立柱结合处增加加强板，加大受力面积，从而增强书架的刚度和稳定性。

（五）符合人类工程学特性

人体工程学在家具上的应用，就是最大限度地满足人的需要，通过实测、实验与分析确定家具的式样、造型与尺寸。科学合理的家具结构能给人稳定的感觉，能使家具整体实现充实感。因此，选择或设计家具时应首先看其与人体的尺度是否合适，因为家具的使用功能设计是建立在对人体的构造、尺度体感、动作、心理等人体机能特征基础上的。选用家具要符合人体工程学原理，无论是坐式家具、存储家具，还是展示性家具等都应注意这个问题，以免出现读者使用不便或长时间使用导致疲劳的现象。另外，桌面不宜采用亮面以及反光材质以防影响读者阅读。只有这样，才能实现家具的最优化，提高读者学习效率和工作人员工作效率。

（六）注重美观实用

家具的美观实用是最基本的要求。图书馆的读者类型较多，虽说高校图书馆读者类型单一些，以教师和学生为主体，但每个人欣赏水平、接受能力各不相同，因此家具选择要尊重大众审美，不要为追求时髦而让多数人不易接受。注重美观主要是要对家具的造型、质感、色彩、装饰等方面做出合适的选择。因为这些因素能激发人们愉悦的情感，从而得到美的享受。注重实用是指桌面是否坚固耐用、平整、容易清洁，读者在使用中容不容易损坏，椅子是否稳定、舒适、轻便、灵巧等。

### （七）注重经济性

购置家具需要考虑经济因素，应当本着勤俭办馆的方针。目前，材料工业的发展为家具生产提供了越来越多的材料品种，如天然的木材、石材、皮革、人造板、金属及各种化工合成材料等，它们各有不同的色泽、肌理、质感，有些人造质材可以假乱真。这些都为购置家具提供了比较多的选择余地，图书馆可根据自身能力，本着经济实用的原则做出适当选择[①]。

### （八）注重颜色的搭配

图书馆家具颜色的选择是一个非常重要的问题。由于家具是室内的主要陈设物，也是室内的主要功能性物品，家具在室内的占地面积高达50%。所以，家具的造型、色彩和风格决定了室内的氛围。例如，若把不同颜色的家具放在一个房间里，那便会影响到室内的统一风格，有些图书馆的家具摆设不协调，让人感到不舒服，一个重要原因就是陈设色彩五花八门，有深、有浅、有红、有绿。因此，要管理全馆的家具，使它们形成一个统一协调的整体。

## 三、家具采选类型

### （一）典藏家具

典藏家具主要是指用于收纳图书、报刊、典籍等文献资料的书架、书柜、保险柜、文件柜等。典藏家具是图书馆家具的主要类型之一，主

① 常林.数字时代的图书馆建筑与设备[M].北京:北京图书馆出版社,2006.

要包括书库书架、密集书架、一般书架、书柜、报纸架、期刊架等。

书架是图书馆保存图书资料的基本设施之一。在日常管理过程中，书架通常被视为固定不变的元素，因为调整书架的过程费时又费力。随着信息技术的发展，一些图书馆正在缩减书架数量，以增加学习和活动空间，但是书架仍然是图书馆空间中不可或缺的组成部分[①]。

书库书架一般采用多层书架。根据不同的分类标准，多层书架可以分为不同的类型。根据结构形式的不同，书库书架主要分为以下三种类型：①书架式书架：这种书架是最常见，也是最基本的书架形式，通常由几层平行的水平支架和竖直的支架组成，适用于存放不同高度和大小的图书。②层架式书架：由于层架式书架的层数更多，所以相比书架式书架，层架式书架更适用于存储大量同一类型的图书，如期刊、杂志等。③积层式书架：积层式书架是一种比较特殊的书架形式，通常采用不同高度和倾角的架板叠放而成，可以适应不同类型、各种形状的图书和文献资料存储。

以上是书库书架的三种主要类型，图书馆可以根据具体需求和使用情况来选择适合的书架类型。

密集书架一般只适用于书库存储，主要用来存储那些不经常被借阅、保存时间长或者可以电子化的图书资料。在书库空间紧张的图书馆内也可用于存放库本图书和报刊，如首都图书馆存放古籍、库本图书、库本报刊采用的均是密集书架，就是把许多特制书架紧密地排列在一起，只留出找书和取书的通道，不再是一排书架一条夹道；需要取书时就用手动或电动方式将书架拉开，取后再恢复原位。密集书架有旋转、平行等移动方式，其中以平行移动方式最多。平行移动书架是单位面积容书量最多的一种书架，大大节省了夹道面积，从而提高了书库里的有效使用面积。为了更好地利用空间，图书馆通常会使用密集书架

① 陈丹．现代图书馆空间设计理论与实践[M]．上海：上海社会科学院出版社，2020：143-144.

来收纳书籍和资料。依据具体的设计和使用方式不同，密集书架常使用以下几种形式：①电子式密集书架：这种类型的书架采用电子控制系统，可以通过电脑或者遥控器控制书架的开启和关闭。仅在使用时打开需要使用的书架，其他书架则保持关闭的状态以节约空间。②滑轨式密集书架：滑轨式密集书架采用轨道式结构，书架可以在轨道上左右移动，以方便存取存储的书籍和资料。③升降式密集书架：升降式密集书架通常装有电动或手动升降装置，可以使书架通过上升、下降来调整存储位置，适用于不同高度的空间。

以上是常见的密集书架形式，图书馆可根据实际情况和使用需求来选择合适的书架类型。

图书馆书架根据使用材料的不同，通常分为木制书架（实木书架、板式书架）、钢制书架和钢木制书架。在选择书架时，图书馆通常会考虑室内的空间环境、使用功能、存放图书的类型等因素。在这些因素的影响下，木制或钢木制的书架通常是大多数图书馆的首选，因为它们能够提供稳定和富有装饰效果的存储空间，同时还能完美地装扮图书馆内部环境，使之更加舒适、优美、温馨。

报架有木制、钢制和钢木制三种类型。其中，木制报架适用于未装订的报纸存储，分为6、8、10层三种规格。报纸夹在木板上，然后放置在抽屉板里，需要存取报纸时只需拉开抽屉板。钢木制的报纸合订本架适用于存储开架的报纸合订本，适合报纸阅览室使用。钢制报架则主要用于书库，用于存放新中国前后的报纸合订本，尺寸分别为1140 mm × 880 mm × 2200 mm和1300 mm × 960 mm × 2200 mm。

期刊架有木制和钢木制两种类型。以上海图书馆的期刊架为例，其采用木制结构，分为3层和5层两种规格。期刊存放在柜内，面板可以翻起，底层面板还可以插入柜内，便于期刊的存取。5层期刊架尺寸为1000 mm × 400 mm × 1870 mm，3层期刊架尺寸为1000 mm × 400mm × 1170 mm。

图书馆的书架规划是家具规划中的重要部分。由于馆藏众多，为了让每一种文献都有适当的存放空间，图书馆需要给不同类型的文献配置最适合的书架。因此，在图书馆的家具规划中，书架的规划设计是至关重要的，需要严格按照馆藏资料的特点和需要，量身定制符合要求的书架。这样可以最大限度地提高图书馆的存储效率和图书处理效率，为读者提供更好的使用体验。

### （二）阅览家具

阅览家具主要是供读者使用的家具，该类家具要根据不同类型的阅览区域、不同的读者对象需求来设置，并要与阅览空间的整体设计相适应，充分利用有效的阅览区域面积，同时也应与阅览空间的室内环境相协调①。

为了满足阅览空间的灵活性要求，图书馆宜选择多功能的阅览家具。这样可以适应空间的变化，并灵活地满足读者需求。此外，在设计阅览空间的家具时，应该考虑整体性，家具应该是成套的，具有统一的形式和风格。特别是在新建或扩建图书馆时，家具的设计应该成套，避免东拼西凑，确保整个阅览空间具有良好的一致性和协调性。

阅览家具主要包括阅览桌椅、各种研究桌、休闲沙发等。它们的大小和规格都应与读者活动时的身体尺寸相适应。阅览桌椅的大小、高低应适应读者坐式阅读、书写的要求。一般成人阅览桌尺寸的大小参见表2-1。期刊阅览区、儿童阅览区等也可采用圆形、方形、多边形以及组合式的阅览桌，尽可能使阅览室内的家具布置得多元化。

**表2-1　成人阅览桌参考规格**

| 形式 | 人数 | 长度/mm | 宽度/mm | 高度/mm |
| --- | --- | --- | --- | --- |
| 单面桌 | 1 | 900 ~ 1200 | 600 ~ 800 | 750 ~ 800 |

① 常林.数字时代的图书馆建筑与设备[M].北京：北京图书馆出版社，2006：222-224.

续　表

| 形式 | 人数 | 长度/mm | 宽度/mm | 高度/mm |
|---|---|---|---|---|
| 单面桌 | 2 | 1400 ~ 1800 | 600 ~ 800 | 750 ~ 800 |
| 单面桌 | 3 | 2100 ~ 2700 | 600 ~ 800 | 750 ~ 800 |
| 双面桌 | 4 | 1400 ~ 1800 | 1000 ~ 1400 | 750 ~ 800 |
| 双面桌 | 6 | 2100 ~ 2700 | 1000 ~ 1400 | 750 ~ 800 |
| 方桌 | 4 | 1200 ~ 1500 | 1200 ~ 1500 | 750 ~ 800 |

阅览桌一般分为单面和双面两种。单面阅览桌的读者座位方向一致,但其所占的面积较大,一般每个阅览桌可坐 2 ~ 4 人或 3 ~ 6 人。双面阅览桌可坐 4 ~ 8 人。桌面上可根据需要设置挡板以减少彼此干扰,同时也便于在隔间中安装照明灯具、电线插座以及网络接口等。

现代图书馆已采用自动化管理手段和开放式大空间设计。为了方便读者查阅文献,大多数图书馆阅览空间内会配置电脑以满足需要。因此,多功能桌椅是图书馆常用的家具之一。有些图书馆考虑读者在电脑前长时间坐着会感到不适,为了减少读者肌肉疲劳和颈部背部不适,给读者提供了站式电脑工作台①。

阅览室中的椅子可分为普通阅览椅、计算机检索椅、沙发等,椅子的选择应注重舒适性,阅览椅则需考虑拖拉便利等因素,可以是无扶手的,也可以是有扶手的,最好是能放在桌子底下和收纳架收纳在一起的。计算机检索椅可选择与阅览椅相同的型号,最好有随足硬轮或滑轮方便移动。椅子的设计应满足使用要求,要从人体工程学方面考虑,减少读者长时间坐着的疲劳感。现代图书馆的阅览区域内也应适当地布置一些沙发、休闲椅等,增加读者阅读的舒适性,使阅览室成为读者爱去的地方。

儿童阅览区家具的设计要以儿童身高及身体各部位的具体情况作为主要依据,一般儿童阅览桌尺寸大小参见表 2-2。其桌椅都要适应儿童的身高和特点,不能太高,不能有玻璃家具,也不宜用有直角的家

① 孙东升.网络环境下图书馆家具配置[J].山东图书馆季刊,2001(2):60-62.

具,必要时应以软包装家具为主,保证儿童使用时的安全。

表2-2　儿童阅览桌参考规格

| 形式 | 人数 | 长度/mm | 宽度/mm | 高度/mm |
|---|---|---|---|---|
| 单面桌 | 2 | 1000～1100 | 450～500 | 450～800 |
| 单面桌 | 3 | 1500～1700 | 450～500 | 450～800 |
| 双面桌 | 4 | 1000～1100 | 800～1000 | 450～800 |
| 双面桌 | 6 | 1500～1700 | 800～1000 | 450～800 |
| 圆桌 | 4～5 | 直径800～1000 | 直径800～1000 | 450～800 |

除此之外,书车和梯凳也是图书馆不可缺少的阅览家具。它们通常由钢制或钢木制材料制成。书车一般分为平式和立式两种。平式书车有3层,适用于阅览室和书库;立式书车根据业务需要使用,比如采编部输送图书。梯凳表面一般贴有胶皮材料用来防滑,人站在上面时,梯凳的支撑腿应该自动锁定,以确保其稳定性。对于高度较高的图书存储区域,一般采用书梯进行存取。这些家具是图书馆为了方便读者借阅图书和资料而设置的,可以提高工作效率、减轻劳动强度,同时也保护了图书和读者的安全。

在网络环境下,现代图书馆对家具的选用配置又增加了许多新的要求。随着文献类型的改变、图书馆服务的转型,图书馆家具的选用配置也应该做出适当的调整。目前传统的纸质文献在图书馆仍占据重要部分,但电子出版物等非纸质型文献不断增加。为了方便读者利用,图书馆应寻求一种新的管理办法,并为读者提供方便的工具。目前,很多图书馆采取在阅览桌上加设线路插座、USB接口等方式,以方便读者使用自带手提电脑和给手机充电。大多数图书馆开始采用大空间、开放式阅览模式,将电子阅览室与普通阅览室合二为一,为读者提供服务,这样家具采购时就要选择功能全面的家具。

阅览家具的科学布置是使家具功能充分发挥作用的重要手段。阅览室的开架布置要考虑在书架前站着看书的读者以及其他读者的通行。因此,阅览桌与书架之间的距离要适当加宽。

（三）办公及其他家具

办公家具主要供图书馆工作人员办公使用,包括办公桌椅、文件柜、收纳柜、采编桌、书架、电脑桌等;其他家具包括会议家具、报告厅家具、展示家具、接待家具、花盆等。比如,会议桌椅、白板、投影仪等是供图书馆举行会议使用的家具;展示柜、展示架、海报架等是供图书馆展示文献资料和宣传海报使用的家具;接待区域的沙发、茶几等则是供读者休憩和借阅服务使用的家具[①]。

办公桌椅一般为行政通用型,应能放置电脑、电话、打印机等设备,有的有副台。会议室家具应根据各会议室进行专门设计,可以是固定式也可以是组合式。椅子应易于推拉,整体风格应高档舒适,符合各类会议要求。有的桌子上应放置会议语音设备。

在网络环境下,图书馆工作空间都呈开放趋势。人们希望通过信息交流来传达感情,同时也更加注重个人价值的体现。因此,图书馆需要设计独立的个人空间,但又不能脱离整体办公环境系统。为适应这种趋势,许多现代图书馆采用了开放式的办公空间。这样的空间不仅可以方便员工之间的互动和交流,还提供了一定的私人空间,以满足员工个人独立性的需求。这种开放式的工作环境不仅有助于加强团队合作,还能促进创新、提高工作效率。这种工作环境更好地平衡了员工的集体和个人需求,使工作更加愉悦、轻松和高效。

现代图书馆家具的设计和布置需要考虑人性化需求。在这种需求下,景观式办公空间应运而生,这种布置方式强调人与人之间的复杂交往和其他工作因素之间的相互关系。隔断式办公家具被广泛应用于这种空间中,以进行空间分隔和联系。家具的模块化设计使得家具易于

① 常林.数字时代的图书馆建筑与设备[M].北京:北京图书馆出版社,2006:224-225.

装拆，以最大限度地满足办公程序变更的需要。这种颇受欢迎的景观式办公空间不仅能促进工作人员之间的互动和交流，还能营造出轻松愉悦的工作氛围，提高工作人员的工作效率。

这种办公空间的主要家具一般是三面都带有隔断挡板的桌子，这种隔断挡板有三个作用：一是减少视觉上的干扰，工作人员在内部看不到外部的活动，同时外部人员也看不到内部办公的情况；二是减少噪声干扰，隔离附近噪声，也使内部的谈话声传不出去；三是隔断的处理给工作人员提供了一个私人领域，使他们可以更好地专注于自己的工作任务，并可以保持良好的工作状态和心情，从而提高工作质量。

图书馆工作人员的工作空间通常需要在整体格局上进行相应的调整，以适应工作变化。为了将这种变化对图书馆工作的干扰降至最低，家具的配置必须具有很强的包容适应能力，并注重系列化设置，以保证灵活性和多样性。因此，在选择和布置办公家具时，这些因素都应充分考虑。这样选择的办公家具才可以满足图书馆工作人员的不同需求，包括办公空间的划分、装饰等。

## 四、专用设备采选

在数字时代，图书馆的发展面临着很多新的机遇和挑战，其服务模式和设备采购也需要跟随时代发展而改变。目前图书馆服务的需求已经不局限于借书，还提供各种数字化服务。随着数字时代的到来，读者需求也日益多样化，这就要求图书馆设备采购部门更加关注新技术和新设备的使用，为读者提供更好的服务。

### （一）采选原则

（1）技术选型：选择高质量的、专业的、可靠的技术和设备。

（2）读者需求：采购的设备和服务应该基于读者的需求和需求变化。

（3）开放性：采购的设备和服务应该是开放的，以便与其他系统进行互动操作。

(4)可移植性:采购的设备和服务应该是可移植的,以便于未来的更新和维护。

(5)资源共享:采购的设备和服务应该是共享的,以提高利用率。

(6)可扩展性:采购的设备和服务应该是可扩展的,以适应未来的需求变化。

### (二)图书馆设备类型

1.数字图书馆

数字图书馆是一个将图书馆的所有收藏物数字化并进行存储、检索、服务的系统。通过数字化,读者可以在数字图书馆更快速地查找、阅读图书,减少了纸质图书污染环境的问题。数字图书馆的设备应用已逐渐成为图书馆设备采购的重要方向。

2.自助借还机

自助借还机是指图书馆借阅服务的自动化设备。通过自助借还机,读者可以更快速地进行借阅、还书等操作,同时也减轻了图书馆工作人员的工作负担。自助借还机采购在图书馆设备采购中也是十分重要的。

3.数字资源库

数字资源库是一个收藏各种数据、文献、影像等资源的数据库,通常是通过计算机和网络来提供一种持久化的、优化的、可访问的、可重用的线上数据库。数字资源库的采购能够为读者提供更加全面的资源。

4.阅览室管理系统

阅览室管理系统是指图书馆阅览室管理的自动化设备,可以集成人员管理、座位管理、环境管理、安全管理等功能,提高阅览室管理效率。

5.电子书设备

电子书设备是一种将电子书籍下载到设备中以便读者读取的设备，与传统的纸质书籍有所不同。电子书设备的采购对于图书馆而言是不可或缺的部分。

## 五、自然环境

图书馆周边有自然的山川、河流、林地等自然要素时，一定要合理有效地利用这一得天独厚的自然财富。充分利用原有地域的自然生态环境，不仅有利于维护该地的生态环境，还对形成特色而健康的阅读环境很有帮助。所以图书馆室外环境的塑造，应注重于展示场地的自然之美，体现人类尊重自然，与大自然和谐共处的生态理念。自然因素是整个图书馆环境建设的基础，任何空间环境都无法脱离其自然环境条件而存在，纵观优秀的图书馆室外空间环境的设计，大都依托于尊重自然并充分利用自然的基础之上。具体来看，自然环境主要包括以下几个方面：

### （一）地形地貌

因图书馆选址条件不同，其自然环境也各不相同，地形地貌直接会影响到图书馆的布局、形态和结构。在规划建设时，应尊重原始地貌，充分利用原有地形的有利条件并且要变不利为有利。如山东建筑大学图书馆，依据一山一谷的自然地形，变不利为有利，以雪山为景观背景和视线焦点，形成山水一体的格局，营造出生态原真、以人为本、高效实用、极富特色的图书馆环境——天然雪山风景与山下的人工“映雪湖”相映成趣、美不胜收。

### （二）水文气候

自然水体对图书馆室外环境而言，是不可多得的自然元素，为水生

植物和各种动物提供了生存条件和空间，形成了一个完整的生态系统。水的引入，使图书馆环境充满灵气，水面可以反映景色、衬托建筑、软化环境，水面随时间、光影而变动，富有动态美，各种水景往往成为景观的中心。因此，若图书馆建筑周围有水体，应利用好这珍贵的环境资源，营造出丰富而独特的图书馆周边环境。如滁州学院蔚然湖旁的图书馆就成为校园标志性建筑，不仅深受师生喜欢，还吸引了许多外来游客来此观光和拍照留念，令人流连忘返（见图2-1）。

图2-1　滁州学院图书馆

气候条件也是影响图书馆馆外环境的重要因素之一。气候因素包括温度、湿度、风、降水等，这些因素会影响到人们在图书馆外部的活动以及对环境的感知，例如在炎热的夏季，高温会引发人们的不适感；在潮湿的环境中，馆外建筑结构可能会遭受腐蚀，甚至影响馆内环境的稳定性。同时，气候的差异也影响着建筑形式及环境的使用方式和时段，如东北地区冬季寒冷，很多高校利用结冰的湖面（如东北石油大学）或在操场上人工喷水制冰（如辽宁工程技术大学）来开展冰刀运动，既丰富了师生课余生活又锻炼了身体、增长了技能，颇受大家欢迎。总体而言，南方高校图书馆室外空间因气候温暖而更为开放，利用率普遍高于北方；北方高校的图书馆室外环境为抵御风霜雨雪的干扰则相对封闭。

（三）自然植被

植被覆盖率保持高水平可以减少城市中的热源效应，保持空气新鲜度。植被覆盖率的提升对于城市环境的改善有重要的作用。当城市原有植被条件好时，要注重维持原有平衡，保留原有绿化。如有百年校史的华中师范大学图书馆，其位于武昌的桂子山上，图书馆室外环境充分利用原有植被，道旁遍植桂花树，园内绿树成荫，环境雅致，形成了华中师范大学独具特色的校园风格和文化内涵；沈阳建筑大学图书馆室外环境保留了基地内的稻田作物，既丰富了景观元素，提高了环境趣味性，又具有一定的经济和旅游价值。

在校园自然环境条件不佳的情况下，我们需要通过优化改造来改善生态环境，以此营造出良好的校园环境。例如，在山东理工大学新校区建设过程中，食堂周边大量垃圾堆积，破坏了校园环境。为了改善校园环境，学校在垃圾土堆上种植了大量的绿色植物，将其转化为一片美丽的绿化带，为校园增添了自然之美，也为学生提供了一个良好的休闲和学习环境。这种做法值得借鉴，通过将垃圾堆转变为绿化带，可以有效地改善校园环境，同时也对垃圾进行了处理。在校园建设过程中，我们应该注重环保和生态问题，通过科学的规划和设计，创造出一个绿色、环保的校园环境，为学生提供更好的学习和生活条件，同时也为环境保护和可持续发展做出了贡献[①]。

## 六、人为因素

图书馆环境除了受馆址和自然环境的影响外，还与社会、设计人员素质、学科特色、管理与维护等诸多人为因素相关。

① 孙娜.大学校园室外空间环境的人性化建构[D].昆明:昆明理工大学,2007.

（一）社会因素

社会因素包括政治、经济、文化、科技、传统、民族心理、地方文化等多方面。地区的经济发展水平会对图书馆室外空间环境的形成与发展造成影响，当地的施工条件、可用材料、技术力量等也都是制约室外空间环境形成的因素。国家及地方的方针政策、资金投入、材料供应、施工条件、技术力量以及当地的传统文化特色、分管领导的办馆理念等都会影响图书馆的总体形态结构。

（二）设计人员素质

图书馆环境的设计和建设直接受设计人员素质的影响，包括设计人员的设计水平、价值观念、艺术修养、兴趣爱好和敬业精神等。设计人员的素质会对图书馆环境的质量和效果产生直接的影响。

第一，设计人员的设计水平对于图书馆环境的设计和建设质量至关重要。设计人员需要具备扎实的专业知识和技术能力，了解图书馆的使用特点和要求，才能够为图书馆提供一个符合使用需求的环境。第二，设计人员的价值观念决定了他们的设计理念和思路，这也会对图书馆的建设质量和效果产生直接的影响。例如，如果设计人员注重环保和可持续发展，就会为图书馆的建设提供更加环保和可持续发展的方案。第三，设计人员的艺术修养和兴趣爱好也是影响图书馆环境设计的重要因素，他们的审美观念和设计风格会直接影响图书馆的整体设计风格。第四，设计人员的敬业精神和责任心，是保证图书馆设计和施工质量的重要保障。因此，设计人员素质对图书馆环境的设计和建设施工有着重要的影响，设计人员的良好素质是图书馆环境设计和建设质量的重要保证。

（三）学科特色

学科特色指学校的优势重点学科，环境设计要体现出学校中最具实力学科的特点，营造个性化图书馆室外环境。

（四）管理与维护

图书馆各空间环境能否得到有效利用在很大程度上取决于图书馆相关人员对环境的管理与维护。很多设计者的“良苦用心”在现实中却成了摆设，如被“铁将军”锁住而与人隔离的屋顶平台（图2-2），如果通过精心设计将屋顶活动平台开放给读者使用，不仅可以减少因交流、休闲等对自习室内读者产生的干扰，还可以让读者放松心情、消除疲劳（图2-3）。

图2-2　封闭的图书馆屋顶平台

图2-3　开放的图书馆屋顶平台

自然因素和人为因素都能充分发挥功效，才会形成良好的图书馆室外环境。现实中，部分图书馆室外环境还存在诸多不足，并不如理想中的那般美好，因此需要加强宣传和有效监督，从而打造和谐、绿色、健康的图书馆室外环境。

## 第三节　图书馆人文环境影响因素分析

除了图书馆内外环境的影响因素外，图书馆的人文环境也对读者阅读和学习效果有很大的影响。人文环境包括图书馆的文化、氛围、服务和人员素质等方面。本节将对图书馆人文环境的影响因素进行分析。

### 一、图书馆文化

图书馆的文化是影响馆内人文环境的重要因素之一。图书馆文化主要指馆内体现的价值观和传统，反映着馆员和读者对图书馆所代表价值的认同和表达。文化的重要性在于它能够对馆内人员的行为和态度产生深远的影响。因此，图书馆应该满足不同读者的需求，为读者提供包容性的馆内文化，以提高读者的参与感和身份认同感。

### 二、图书馆氛围

图书馆氛围是指馆内的精神气氛和文化特质，可以直接影响读者的情绪和学习效果。馆内应该创造积极、愉快、放松的学习氛围。馆内的氛围应该强调对学术和知识的尊重以及团体合作等，以促进读者的学习和探索。

### 三、图书馆服务

图书馆服务是图书馆人文环境中最重要的一个方面。馆内应该提供高质量的服务，包括借还书服务、参考咨询服务等，以帮助读者在阅读、学习和研究过程中更好地利用馆内资源。此外，图书馆还应该提供数字化等高效便捷的服务来满足读者的需求。

在数字化时代，图书馆服务已经不局限于提供纸质书籍，还提供数字化的学习材料和先进的学习技术。图书馆现代化服务包括以下几个方面。

第一,图书馆提供的服务不只是借还图书。借阅图书是图书馆服务的基本功能,随着读者需求的变化,图书馆提供了更多的服务,包括借阅电子资源、报纸和杂志等。同时,图书馆也提供了许多先进的技术和设施,如计算机、电子白板、音频设备和视频设备等。这些先进的设备可以让读者提高学习效率,加速学习进程,让学习更加有趣。

第二,图书馆提供数字化的服务。读者可以通过登录图书馆网站或应用程序获取在线资源。这些资源可以让读者在因交通不便或者其他原因不能前往图书馆的情况下,仍然可以继续学习。在线资源包括许多不同类型的材料,如电子书、电子期刊、多媒体材料和在线数据库等。

第三,图书馆提供学习空间和会议室。读者可以通过预定学习空间或会议室来使用图书馆相关设施,以便进行更多的学习和研究工作。这些设施通常包括电脑、白板、印刷机、扫描仪等,帮助读者完成学习和研究任务。

第四,图书馆提供的服务还包括培训和指导。许多图书馆都为读者提供了培训课程,如信息素养提升、文献检索指导、写作指导等。图书馆也提供专业的咨询服务,如研究资料的选择和使用等。这些服务可以帮助读者更好地利用图书馆的资源和设施,让读者学习更加顺畅和高效。

综上所述,图书馆服务已经不再是过去那种借还书的简单服务了,它已经成为高校师生和某个区域的知识中心。它提供现代化的技术和设施,为读者提供丰富的学习资源和指导,帮助读者更好地掌握知识和技能,以促进个人和社会的发展。

## 四、图书馆馆内标识

### (一)图书馆的区域、功能标识

在图书馆大厅内应该设置图书馆咨询台、总平面图、楼层分布图(各类办公区、读者服务区、学生自修室和各楼层卫生间等)、方位指示(如进口、出口、安全通道等各类指示标识),在适当位置放置图书馆宣传手册、图书馆使用手册等。设置区域标识,可以让读者进入图书馆后不会有陌生或者茫然的感觉。这些标识就像一个向导,指引着读者如何利用图书馆找到自己所需要的资料。

### (二)图书的分类标识

分类标识可以帮助读者直观、独立地完成检索和借阅,同时也是工作人员将图书分类排架的向导。按《中国图书馆分类法》基本大类排列图书、标注书架,不仅可以对工作人员起到导航作用,还可以对读者的书籍查找起到指导作用。

## 五、图书馆人员素质

馆内人员素质也是影响图书馆人文环境的重要方面之一。馆员的素质直接影响到图书馆的服务质量和读者的体验感。因此,馆员应该具备专业知识和技能,以及良好的服务态度和沟通能力。除了具备专业素质外,馆员还应该具备较高的文化素质、人文素质等。

### (一)馆员的内在素质

馆员的内在素质主要表现为知识结构、业务能力和服务意识等决定图书馆科学管理水平和服务水平的因素。在科技发展迅速的今天,高等院校图书馆自动化已达到了较高的水平,正在向数字化图书馆迈进，馆员承担的工作不仅是看守阅览室、借还书刊，还要向读者提供解答咨询、指导检索、网络导航等服务，这就需要馆员具有较高的知识水平、较强的业务能力，还要有全心全意为读者服务的工作宗旨和服务意识。馆员要用自己的热诚态度、优质服务去温暖读者的心，去满足读者对美的追求[①]。

### （二）馆员的外在表现

馆员的外在表现首先是馆员形象。馆员的形象体现在很多方面，首先要微笑服务，笑是美的形象，可以给人温暖，使读者产生“到馆如到家”的感觉。其次体现在服饰上，如果没有统一的制服，也要保持衣着的整洁，绝不可以奇装异服、浓妆艳抹，不可以过于随意，以免给读者留下不好的印象。最后体现在举止上，馆员应该站有站相，坐有坐相，不应该有不文明的举止，说话语气要温和，使用文明用语，不使用服务忌语。这种温馨的阅览环境，能让读者产生积极愉悦的情绪，从而使读者精力充沛并提高学习效率[②]。

## 六、图书馆的社交功能

图书馆除了给读者提供学习和研究资源以外，还有很重要的社交功能。馆内应该鼓励读者之间相互合作和交流，以提高他们的学习效果。图书馆应该定期举办学术讨论会、文化活动等，以创建更加活跃的社交环境。

综上，图书馆的人文环境对读者使用效果有很大的影响。人文环境包括图书馆文化、氛围、服务、人员素质以及社交功能。馆内应该建立积极、愉快、轻松的学习氛围，提供高质量的服务、具备高素质的馆员，鼓励学术交流，并满足不同读者的需求，从而创造出最佳的图书馆人文环境。

---

① 李君燕．简论高校图书馆的环境设计[J]．滁州学院学报，2009(6)：96-97.

② 李君燕．简论高校图书馆的环境设计[J]．滁州学院学报，2009(6)：96-97.

# 第三章 图书馆空间设计与相关学科的融合

随着数字时代的到来以及人们对舒适和健康的需求不断增加，图书馆建筑的设计也越来越注重与美学和心理学元素的融合。例如，在建筑设计中引入自然光、自然通风和绿色植物等元素以提高读者的舒适感和学习效率。此外，图书馆学和心理学也有很多交叉研究。例如，心理学研究可以帮助图书馆设计者更好地理解读者的行为和需求，以便更好地提供服务和资源。

在美学和建筑学方面，图书馆设计可以运用美学原理营造出具有特殊美感的环境，如曲线形的墙壁、柔和的光线和丰富的色彩等。同时，建筑学原理也可以帮助图书馆优化布局和空间利用，以提高图书馆的管理效率和读者舒适度。

本章主要探讨图书馆学、建筑学、美学和心理学四个学科之间的融合关系，探索它们如何相互融合来创造高效、愉悦和具有实用价值的图书馆服务环境。

## 第一节 图书馆空间设计相关学科的概念

图书馆学、建筑学、美学和心理学是人们生活和学习中不可或缺的学科，它们之间的关系是相互交织的，这些学科的原理和理论给图书馆的设计与服务提供了多重维度的参考，从而为读者提供更好的服务和良好的使用体验。

## 一、图书馆学

图书馆学是研究图书馆的发生发展、组织管理，以及图书馆工作规律的科学，它不仅是一个独立的学科领域，还是一种服务性的行业。图书馆学的服务对象是社会大众，包括学生、学者、研究人员、企业管理者等多种人群。因此，图书馆在服务对象、文化背景、知识体系、服务水平等方面存在巨大的差异。对于不同类型的服务对象，图书馆需要提供不同的服务以满足他们的需求。

在图书馆学的研究中，图书馆空间设计和服务质量是重点之一。一方面，良好的图书馆设计能够给读者提供舒适的阅读环境和体验，这就要求设计人员需要考虑很多因素。例如，建筑的结构和布局、座位的舒适性和实用性以及与周围环境的协调性等。另一方面，高质量的服务还能够提升图书馆读者的阅读体验。例如，图书馆的开放时间、书籍的类型和数量、检索技术的完善程度以及人工服务的质量等。

## 二、建筑学

建筑学是研究建筑物设计、建筑历史、建筑结构和建筑材料等的学科。建筑物的设计和建筑材料的选择可以影响建筑物的质量、可用性、能源效率和美感效果，例如建筑物的颜色、形状等可以影响人类的情感和认知过程。因此，建筑物的设计需要考虑美学原则，如平衡、比例、对称和色彩搭配等。

在图书馆设计中，建筑学原理被广泛运用。为了提供一个愉快和高效的阅读环境，建筑师需要考虑使用材料的性质、空间利用率、设计风格等因素，并且将其与图书馆的服务目标协同起来。例如，图书馆的空间设计需要考虑如何合理地布置书桌、座位和书架。建筑师还需要考虑如何保护读者的隐私，以及如何通过照明和绿化等，为读者提供一个高质量的阅读环境。

### 三、美学

美学是研究美和感性体验的学问。它涉及人类的情感、审美和认知过程。美学原理被广泛应用于设计和艺术领域，如建筑、绘画、雕塑和音乐等。在图书馆设计中，美学原理也被广泛运用。为读者提供一个愉悦的、舒适的、启发性的阅读环境是图书馆美学设计的重要目标。图书馆的美学设计可以从建筑设计、室内设计、装修风格、家具布置等多个方面入手。

### 四、心理学

心理学是一门研究人类思维、行为活动和情感的学科。图书馆设计需要考虑读者的心理需求。例如，在图书馆设计中采用自然光和柔和的照明，为读者提供温馨舒适的阅读和学习空间；选择和谐的颜色组合，为读者创造轻松、愉悦的阅读和学习氛围；安排独立的休息区域、个人阅读区域和小组学习区域；布置合适的家具和装饰品；采用隔音材料并适当放置吸音板，以控制室内噪声；提供无障碍设施，以方便年长者和残障人士进出。

## 第二节　图书馆建筑与室内设计

室内设计与建筑设计是相辅相成、不可分割的关系。室内设计依附于建筑设计。成功的建筑设计往往离不开成功的室内设计。它们的设计目的是一致的，相互渗透，为人们创造一个舒适的空间。建筑设计的成功与否取决于室内设计是否得到人们的认可。如果认可度高，建筑设计就会成功；如果认可度很低，建筑设计就会失败。建筑设计包括建筑的内外部设计。图书馆设计先有建筑设计再有室内设计，室内设计在建筑设计完成的最后阶段起到改进和美化的作用。

在建筑设计方案中有关于室内设计的思考，具体内容是在建筑设计完成后由室内设计师负责，通常在土建竣工后会涉及室内设计。最理想的情况是在建筑设计中充分考虑内部空间和外部形象，为后续的室内设计留下空间。建筑师给室内设计师留下的空间越大，室内设计师的发挥空间就越大。

无论是建筑设计还是室内设计，最终都会呈现在图纸上，但建筑设计应该反映在最初的图纸设计中。室内设计一般在建筑设计之后开始，当然也有室内设计的空间整合再造，如旧房改造，这包括拆除、修改、增加建筑设计等。建筑设计虽然经过了重新修改，但仍要求在原建筑设计框架内修改，必须符合基本建筑条件和结构体系，通过室内设计师重新设计、规划再造一个更加完美合理的空间。

## 第三节 图书馆学、建筑学、美学、心理学之间的融合

在当代社会，图书馆已经不只是一个安静的阅读场所，而是成了一个多功能的、高科技的、复合型的、社区性质的场所。图书馆的界面设计、装修风格、配套设施等，都成了图书馆作为今天重要的社交和文化场所的因素。近年来，建筑师们在设计图书馆的过程中，越来越注重人性化的体验和使用感受，这也直接关系到图书馆学与美学和心理学等学科的融合。本节主要围绕图书馆学、建筑学、美学和心理学等学科，探讨它们之间如何更好地融合使得建筑设计更符合读者的心理需求，更具有美感。

### 一、图书馆学与建筑学的融合

在图书馆的设计中，建筑师们需要充分考虑读者的需求和空间的布局，保证图书馆的规划、设计、建造、维护和服务等方面的质量与可持续性。通过图书馆学和建筑学的融合，我们不仅可以得到一个舒适、

方便的阅读空间,还可以使图书馆产生更多的社会效应。

（一）形式与功能的统一

在图书馆建筑设计中,首先要考虑的是形式和功能的统一。对于图书馆来说功能性是核心,但是为了配合周边的环境和建筑整体,建筑师也需要在设计中加入美学元素,不仅要考虑空间的布局,还要把握建筑形式、色彩、光影、材质等方面的美感,从而更好地满足读者的阅读需求。

（二）舒适性与空间相融

图书馆设计要考虑读者的使用需求,还要与造型、比例、立面、形态、色彩、材质等方面相协调,使得建筑空间的舒适性更强。在建筑设计中需要提供足够的天然光线和绿植,这样既能保持阅读环境的安静和秩序,又能让读者感受到舒适和自然的气息。

（三）可持续性与环境保护

现代图书馆的设计中也需要考虑可持续性的因素,建筑师需要保证其建筑风格、材料和技术符合可持续性的要求,这不仅保护了我们的环境,还给读者们提供了一个更加持久和健康的阅读环境。

## 二、美学与心理学的融合

美学和心理学的融合也是学科之间的重要融合。当我们从一座建筑中感受到美感时,它也给我们带来了良好的心理效果。图书馆的美学设计不仅能够满足读者的审美诉求,还能够给读者带来更好的心理效果。

（一）空间的氛围

空间的氛围可以影响读者的心理状态，有时可以使人感受到舒适、平静。美学设计可以合理地运用灯光、色彩、材质等元素打造出与周边环境相适应的图书馆氛围。

（二）美感的悦观效应

美感的悦观效应可以降低读者的心理压力，使人感受到愉悦和自信，从而更好地投入到阅读、学习和文化交流等活动中去。让图书馆设计中的美学元素带给读者愉悦的享受，这是图书馆美学设计的一个重要目标。

（三）美学创意的可塑性

在设计图书馆的过程中，美学创意的可塑性也是需要考虑的。对于不同的读者来说，美感的要求不尽相同。因此，设计案例的可塑性就显得尤为重要。对于图书馆的室内外装置应该考虑从不同角度进行设计，使图书馆为读者提供更加多样化的文化体验。

## 三、心理学与建筑学的融合

心理学与建筑学的融合可以让建筑设计更加符合读者的心理认知，通过感知、情感和认知的层面来促进建筑设计的变革，提高读者的满意度。

（一）光线、空气和绿化

在图书馆建筑设计过程中，心理学能够帮助我们了解读者的需求，比如光线、空气和绿化对于人们的生理和心理健康都有影响。心理学帮助我们在设计中减少读者的不适感和疲劳感，从而使图书馆成为安静、放松和舒适的阅读场所。

（二）空间的流动性

心理学也可以帮助建筑师更好地理解空间本质，引导设计师从人的视角出发设计出更合适的、更加人性化的空间，将心理和空间的要素有机结合，使图书馆的空间更加自然、舒适，更具有流动性。

（三）情感体验

图书馆不仅仅是一个阅读场所，更是一个社会化的、提供文化交流和情感体验的场所。心理学可以帮助设计师更好地知晓使用者的情感需求，从而在设计中将情感元素融入建筑中。一个可以丰富情感体验的图书馆，能够让读者体会到欢乐和美好。

图书馆学、建筑学、美学和心理学等学科的融合为图书馆建筑设计提供了不同层面的分析和思考。图书馆的美学设计要从形式和功能、舒适性和空间相容、可持续性和环境保护等方面出发，使图书馆不仅是个阅读场所，还是一个社会化的、提供文化交流和情感体验的场所。

同时，心理学和建筑学的融合也可以让我们更加深入地了解读者，从而捕捉到他们的心理需求，让建筑设计更加符合人的需求，提高读者的满意度。这一切都有助于图书馆成为更加欢乐、美好、人性化的阅读场所，也为我们更好地理解建筑和人类之间的关系提供了一种新的思考框架。

# 第四章　人体工程学与图书馆空间设计

人体工程学是一门关于人与工作环境、工具及设备之间关系的学科，它以提高工作效率、降低事故率、改善人体健康状况为目标，研究人体在工作环境、工具及设备中的适应性、效率和安全性。

随着图书馆在人们生活中的地位越来越重要，读者对于图书馆的服务和设施提出的需求也越来越多，其中人体工程学的重要性日益凸显。图书馆作为公共场所之一，每天都会吸引大量读者前来阅读、学习。在这样的场所中，人的身体需要进行不同形式的活动，如坐、立、行走、上下楼梯等等。因此，如何满足读者不同的人体工程学需求，提高使用的舒适度和效率是图书馆空间设计应当关注的问题。

## 第一节　人体工程学在图书馆空间设计中的应用

### 一、图书馆内部环境设计中的人体工程学原则应用

图书馆是一种公共场所，为广大读者提供阅读、学习、研究等服务。因此，其内部环境设计需要注重人体工程学原则，使读者在舒适、健康和安全的环境下使用图书馆资源。以下将从空间规划、照明、噪声控制、温度和湿度控制、座椅设计等方面详细介绍图书馆内部环境设计中人体工程学原则的应用。

### （一）空间规划

图书馆应尽可能提供舒适、健康、安静、清洁的阅读空间，结合读者的行为习惯和需求进行空间规划，在空间布局上应遵循人体工程学原则，如避免过度拥挤，设计合理的通道宽度和交通流线；避免在通道设置障碍物，为读者提供舒适的工作区域和阅览座位。

### （二）照明

根据人体工程学原则要求，图书馆内应提供充足的自然照明和人工照明，保证室内照明均匀、明亮，以最大限度地降低阅读对眼睛的伤害。照明设备应放置在读者的上方或侧方，避免产生眩光和阴影，同时还应避免从窗户或灯具上反射的光线直射读者的眼睛，导致读者眼部不适或视觉疲劳。

### （三）噪声控制

图书馆是一个需要安静的场所，因此需要采取措施控制噪声。在服务环境设计上可以将入口与借书处和阅读区域分开，并在阅读区域设置隔音墙和隔音门，以最大限度地减少外部噪声的干扰。另外，图书馆的个人阅读区和小组学习区应当以围合的形式进行设计，为读者提供相对安静的学习环境。

### （四）温度和湿度控制

图书馆内部温度和湿度的控制是非常重要的，合适的温度和湿度不仅可以提高读者的舒适感，还可以延长书籍的使用寿命。在设计上应考虑使用隔热材料、窗帘、遮阳板等装置，以保持室内适当的温度和相对湿度，并在入口和阅读区域设置通风口和通风设备，以保证室内空气流通。

（五）座椅设计

图书馆的座椅设计对读者的使用体验和阅读效果至关重要。座椅的设计应符合人体工程学原则，包括座椅的高度、宽度、深度，以及扶手和靠背的设计等。座椅应具有良好的支撑性、透气性和舒适性，以满足不同读者的需要。

（六）书架设计

图书馆的书架设计也需要考虑人体工程学原则。书架的高度、深度和宽度要便于读者取书和放书，避免读者过度弯腰或过度伸展。书架的位置也需要布置合理，避免过于拥挤导致阻碍通道的情况。

（七）色彩设计

色彩设计是图书馆内部环境设计中的重要部分，同样需要考虑人体工程学原则。图书馆应该选择温馨、协调的色彩，为读者提供舒适的阅读和学习环境。不同区域应该有不同的色彩设计，例如入口处可以选择鲜明的色彩，阅读区域可以选择柔和的色彩。

（八）活动空间设计

图书馆不仅是一个阅读场所，还是组织各种文化和教育活动的场所。因此，图书馆内部环境需要综合考虑不同的活动类型进行设计。例如，讲座需要合适的观众席和讲台，而文艺展览则需要提供合适的展示设备等。

总之，在图书馆内部环境设计中，人体工程学原则非常重要，设计师需要根据图书馆读者的行为特征和需求设计舒适、安全、有效的阅读和学习环境。除了以上几个方面外，还需要考虑其他因素，例如安全措施、无障碍设施等。人体工程学原则的应用可以提高读者阅读的舒适性和学习效率,从而提高读者的满意度。

## 二、人体工程学在图书馆家具和设备设计中的应用

图书馆是知识传播的重要场所,也是学术研究、文化交流和自我教育的重要场所。读者在长时间使用图书馆的过程中,由于坐姿时间过长、视觉疲劳以及缺少锻炼等因素,可能产生不同程度的身体不适,影响了读者的学习效率和健康状况。因此,为了提升读者的身体健康水平和使用体验,需要从人体工程学的角度来考虑读者的需求,图书馆的家具和设备需要符合人体工程学原则。以下从人体工程学的角度出发探讨图书馆家具和设备的设计原则和应用。

### (一)图书馆座椅的人体工程学设计

座椅是图书馆中最常用的设施之一,是图书馆不可或缺的组成部分。良好的座椅设计能够有效地减轻读者的身体不适,座椅的高度和宽度应该适中。座椅的高度要根据读者的身高设定,让读者的双脚可以平稳地踏在地面上,避免双脚悬空导致腰部不适。同时,座椅的宽度不能过窄或过宽。过窄或过宽的座椅会让读者难以保持正常姿势,进而导致身体不适。座位的靠背高度和角度也应该合适,以支持读者的背部和腰部,防止读者在长时间使用过程中出现腰酸背痛等不适症状。因此,图书馆座椅设计需要符合人体工程学原则。

1.座椅的高度设计

座椅的高度设计对座椅舒适度有很大的影响。座椅过高或过低会对人的腰部、膝盖、脚部造成负担,引起身体不适。因此,座椅的高度设计应该考虑人体的平均身高,座椅高度一般为45~50厘米。同时,鉴于人的身体构造、性别和年龄的差异,座椅高度应该设计成可调节的,以适应不同读者的需求。座椅的前沿也应该设计成圆形,避免对人的腿部造成压迫和伤害。

2.座椅的深度和宽度设计

座椅的深度和宽度也是人体工程学设计中需要考虑的重要因素。座椅的深度应该按照使人的臀部处于可以完全放松并且能够承受躺卧或蜷缩姿势这一标准设计。一般来说，座椅深度应该在40～45厘米。座椅的宽度设计也很重要，过窄或者过宽的座椅都会导致身体不适。座椅的宽度设计应该考虑人的身体尺寸，保证臀部的舒适支撑，座椅宽度一般在45～50厘米。

3.座椅背部的高度和角度设计

座椅背部的高度和角度对于读者的舒适度和阅读姿势有很大的影响。一般来说，座椅背部的高度应该高于人的肩膀以支撑上半身，避免脊椎过度弯曲导致身体不适。座椅背部的角度也是很重要的，过直或过斜都会导致身体不适。一般来说，座椅背部的角度应该在100～120度，以保证座椅可以支撑颈部和背部。

### (二)图书馆桌子的人体工程学设计

桌子是图书馆中另一个重要的设施，其设计也应该遵循人体工程学原则，以保证读者的身体舒适和健康。首先，桌子的高度应该根据读者的身高和手臂长度来设定，使读者在使用过程中可以轻松地将手臂放在桌面上，避免长时间的阅读导致手臂酸痛。其次，桌子的角度应该适中，不宜过大或过小，以保证读者的视线在阅读过程中保持平行，避免长时间的阅读引起视觉疲劳。最后，桌面的材料也应该符合人体工程学原则，避免发生桌面反光刺激眼睛的情况。

1.桌子的高度设计

桌子的高度设计对于读者的姿势和舒适度有很大的影响。桌子的高度应该考虑到人的身高，一般来说桌子的高度应该在70～76厘米。此外，人的臂长、肩宽也应该考虑在内。如果桌子过高或过矮，人就需要放低或抬高手臂和肩膀，从而导致肩颈疲劳和手部疼痛。因此，桌子的高度应该设计成可以调节的,以适应不同读者需求。

2. 桌子的深度和宽度设计

桌子的深度和宽度对人的工作和阅读效率有很大的影响。桌子的深度应该按照使人的手臂和肩膀可以自由活动,同时保证视线距离合适这一标准设计。一般来说桌子的深度应该在60～80厘米。桌子的宽度也是很重要的,过窄或者过宽都会使人的工作和阅读效率下降。桌子宽度的设计应该符合人的身体尺寸和工作需求,一般在80～150厘米。

3. 桌子的角度和曲线设计

桌子的角度和曲线设计对人的视线和手部活动有很大的影响。桌子应该处于使人的视线和阅读姿势更加自然和舒适的角度。一般来说,桌子的角度应该在10～25度。另外,合适的桌子的曲线设计可以提高人的工作效率和舒适度。桌子边角过于锐利会提高伤害人的手部和手腕的风险,因此桌子的边角应该设计成圆滑的曲线形。

### (三)图书馆书架的人体工程学设计

书架是图书馆不可或缺的组成部分,它的设计直接影响人们的借阅和阅读效率。

1. 书架的高度和深度设计

书架的高度和深度对人的借阅和阅读效率有很大的影响。书架的高度应该符合人的身高和视力需求,一般在1.8～2.2米。书架的深度也很重要,书架过浅或过深都会影响人的借阅和阅读效率。书架的深度应该在30～40厘米。

2. 书架的间距和角度设计

书架的间距和角度对人的借阅和阅读效率有很大的影响。书架的间距应该符合人的身体尺寸和阅读需求,一般来说,书架的间距应该在30～40厘米,方便人们取书。

### (四)图书馆照明的人体工程学设计

照明是图书馆不可或缺的组成部分,它的设计直接影响读者的阅读体验和视力健康。

1.照明的亮度设计

照明的亮度对人的阅读体验和视力健康有很大的影响。照明的亮度应该符合人们的阅读需求,过亮或过暗都会损害人的视力健康。一般来说,照明的亮度应该在400~600流明。

2.照明的位置和角度设计

照明的位置和角度对人的阅读姿势和视力健康也有很大的影响。照明应该布置在使人的视线和阅读姿势更加自然和舒适的位置,一般来说,照明应该布置在人的左侧或右侧,避免灯光直接照射到人的眼睛。照明的角度也很重要,过斜或过直的照明都会导致读者阅读不便和视力疲劳。照明的角度应该在30~60度,以保证灯光可以充分照射到阅读区域。

### (五)阅览区设计

阅览区是图书馆中最重要的使用场所之一,其设计也应该从人体工程学的角度来考虑。首先,阅览区应该配备适当的照明和采光,避免光线不足对读者的视觉造成不良影响。其次,阅览区的温度和湿度应该能使读者在长时间使用过程中可以保持舒适。再次,阅览区的噪声水平也应该控制在合适的范围内,避免打扰到读者的阅读和学习。最后,阅览区的座位和桌子也应该合理布置,以保证读者在使用过程中的舒适度。

### (六)通风系统设计

在图书馆的使用过程中,通风和空气质量也是非常重要的。通风系统应该设计合理，保持空气的流通，避免空气中的有害物质滞留对读者产生不良影响，损害人体健康。设计人员应该根据不同使用区域的需要设计适当的通风量和风速，以保证读者在不同的使用场所中都可以享受到最佳的空气质量。

(七)空间设计

空间设计也是读者的人体工程学需求之一。设计人员在设计阅览室和学习区域时，应该考虑读者的活动空间，应该给读者提供足够的空间移动和站立，防止读者因长时间坐在座位上而导致身体不适。另外，阅读室内的书架和其他物品也应该便于读者使用，避免读者因长时间保持不当的姿势去拿取书或其他物品导致不良体验。

(八)无障碍设施设计

图书馆的空间设计中需要考虑无障碍设施设计，让残疾人也能够轻松地使用图书馆的资源。无障碍设施包括无障碍通道、轮椅坡道、无障碍电梯等，这些设施可以帮助残疾人，让他们可以便捷地使用图书馆资源。

(九)紧急出口设计

在图书馆的空间设计中，紧急出口的设计非常重要。在紧急情况下，紧急出口必须是容易找到和到达的，这样才能保证读者的安全。紧急出口的位置和标识也应该符合规定，能够让读者在紧急情况下可以快速地找到出口。

(十)办公设施设计

图书馆需要为馆员提供良好的办公设施。工作站的高度和设备的放置位置都需要考虑到人体工程学需求，避免长时间工作给馆员带来身体不适。同时，办公座椅也需要符合人体工程学要求，保证馆员可以舒适地工作。

(十一)健身设施设计

为了让读者在使用图书馆的过程中不仅可以学习和阅读,还可以进行一些身体活动,图书馆需要提供健身器材或休闲区域。这些设施应该符合人体工程学要求,以保证读者在使用过程中可以正确地锻炼身体避免身体不适。

(十二)电脑配套设备设计

图书馆中电脑配套设备的设计也是非常重要的,因为很多读者会选择在图书馆进行电脑作业和研究。电脑座椅应该符合人体工程学的原则,避免长时间使用电脑导致腰酸背痛。电脑屏幕的高度和角度应该适宜,保证读者的视线在电脑使用过程中保持平行,避免长时间使用电脑引起视觉疲劳。

(十三)音响设备设计

图书馆中的音响设备和噪声控制也非常重要。音响设备需要在提供高质量音效的同时,不影响其他读者的阅读和学习。另外,噪声控制也应该考虑读者的需求,防止噪声过大干扰其他读者的阅读和学习。

综上所述,图书馆家具和设备的人体工程学设计对人们的阅读和学习效率有很大的影响。图书馆设计应该从人的身体构造出发,遵循人体工程学原则,合理地设计座椅、桌子、书架等,以提高人们的舒适度和工作效率。同时,设计师应该考虑人们的身体差异进而设计出可调节的家具和设备以适应不同人群的需求。只有这样,图书馆才能成为一个舒适、高效、健康的阅读和学习场所。此外,人体工程学设计还应考虑环境因素,比如噪声、温度、湿度等,以提供更加舒适和健康的阅读环境。图书馆采用环保、健康的材料和技术,可以减少有害气体和化学物质的排放,保证室内空气的流通和清新,提高人们的阅读和学习效率。图书馆还可以采用智能化、数字化的技术优化阅读和借阅流程,提高图书利用率和图书馆服务质量。

总之,图书馆家具和设备的人体工程学设计是一个兼具综合性、复杂性的系统工程,需要设计师综合考虑人体工程学、信息技术等多个方面的知识和技术,以提高图书馆的服务质量和读者满意度,为人们的阅读和学习提供更好的场所和条件。

## 三、图书馆的空间结构和人体工程学的结合

图书馆是我们学习和研究的场所,空间结构和人体工程学的结合在图书馆的空间设计中至关重要。这样的结合在优化图书馆的空间利用和提高读者的舒适度方面大有裨益。

首先,图书馆的空间结构设计应该为读者的学习和研究提供空间和资源。为此设计师需要考虑读者的需求和偏好。例如,大多数人在学习或研究时需要安静的环境,因此图书馆应该设有安静的学习区域。而对于那些需要小组讨论和社交互动的读者,图书馆也应该提供相应的区域和设施。此外,为了方便读者,图书馆的布局应该清晰明了,让读者可以轻松地找到他们所需要的书籍或资源。

其次,图书馆的空间结构设计应该考虑读者的身体健康和舒适度,这可以通过人体工程学来实现。人体工程学是研究人与环境的关系的科学,通过对人的生理和心理的正确认识,使环境因素满足人的活力的需要。在图书馆的空间设计中,人体工程学可应用于座椅、桌子和照明等方面。

座椅是图书馆中最重要的设施之一,因为大多数读者在学习和研究时需要长时间坐着。为了保证读者的舒适度和健康,座椅应该具有合适的高度和宽度,以支持读者的身体。座椅的背部和坐垫也应该具有合适的弹性和支撑力,以保护读者的脊柱健康。此外,座椅应该选择

舒适耐用,并且易于清洁的种类。

桌子也是图书馆中重要的设施之一,因为大多数读者需要在桌子上放置书籍、笔记本电脑和其他学习工具。为了提高读者的舒适度和学习效率,桌子的高度应该与座椅的高度匹配。桌子的表面应该光滑并且易于清洁,以防产生细菌和污垢。

照明是图书馆中容易被忽略的设施,但它在提高读者的舒适度和保护读者健康方面起到了重要的作用。灯光应该明亮并且光线均匀,避免眼睛产生疲劳和疼痛感觉。此外,灯光的颜色应该柔和,避免对读者的视力产生负面影响。

除了座椅、桌子和照明外,图书馆的设计还应该考虑消防安全。为了确保读者的安全,图书馆应该设有灭火设备和紧急出口。

图书馆的空间结构和人体工程学的结合能够提高读者的学习效率和舒适度。设计师应该考虑读者的需求和偏好,为读者提供最好的使用体验。这样不仅可以提高图书馆的利用率,还可以提高读者满意度,更可以为图书馆未来的可持续发展提供基础。

最后,图书馆的空间结构和人体工程学的结合,不仅是一项技术和设计方面的挑战,还是一项社会和文化方面的挑战。随着现代科技的发展,图书馆的定位和功能正在不断地转变。这需要设计师和相关专家对图书馆的空间结构和人体工程学的结合进行持续不断的探讨和更新,以适应不断变化的社会和文化环境,为人们提供更好的学习和研究场所。同时,对于不同的文化和社会群体,图书馆的空间结构和人体工程学的结合也具有不同的挑战和机遇,需要以包容和多元的态度来对待。另外,随着全球环境问题日益严峻,图书馆的空间结构和人体工程学的结合需要考虑可持续性和环保问题。例如,在图书馆的空间设计中应当考虑节能减排,使用环保材料等。这样的设计不仅可以对环境产生积极的影响,还可以为读者提供更加健康、安全和优质的学习和研究环境。

总的来说,图书馆的空间结构和人体工程学的结合是一个复杂的问题,涉及多个学科和领域,例如建筑设计、心理学、人类行为学、社会学等。在未来,研究者和专家们需要继续深入研究这一问题,为图书馆空间设计的发展提供更好思路,为人们提供更好的学习和研究环境。

## 第二节　读者的人体工程学需求

### 一、特殊人群在图书馆中的人体工程学需求

#### (一)老年人

随着老龄化社会的到来,老年人的阅读需求越来越多。然而,老年人的身体机能随着年龄增加逐渐下降,很多老年人阅读时会出现眼睛疲劳、颈部疲劳、腰背疲劳等问题。因此,为老年人专门设计读书区域和设备是十分必要的。具体需要从以下几个方面考虑。

(1)座椅的设计:座椅应该采用柔软、舒适的材料,高度也应满足老年人的特殊需求。同时,应该注意座位的靠背高度和角度的设计,避免老年人出现腰背疲劳的情况。

(2)阅读灯的设置:考虑到老年人的视力随着年龄增加逐渐下降,因此需要设置光线柔和、均匀的阅读灯,避免强光或弱光对老年人视力造成影响。

(3)书架的设计:为避免老年人弯腰过度或伸手困难,需要将书架设置在中低高度并确保书架之间的空间够大。

#### (二)残障人士

残障人士需要更多的关注和照顾。图书馆应该营造一个包容和友好的环境,让残障人士能够拥有与其他读者一样的阅读体验。这里列

举出两点需要重视的方面。

（1）借阅服务：残障人士可能需要借阅盲人读物、有声读物等特殊读物。图书馆应该提供这些资料并改进借阅服务系统，以保证残障人士能够方便地使用。

（2）无障碍通道的设计：为残障人士设置专用通道，以保证残障人士能够方便地进出和使用图书馆。

## 二、图书馆服务对于人体工程学的响应

人体工程学是研究人在工作环境和其他活动的过程中如何适应、适合和安全地使用各种设备和工具，以最大限度地提高工作效率和减少不当姿势引起的身体疲劳的科学。在现代社会中，人们由于生活、工作和学习的需要，经常在图书馆进行学习、研究。因此，图书馆的服务需要考虑人体工程学的影响。

图书馆的座椅设计是图书馆中最基本的设计，也是与人体工程学结合最紧密的设施。图书馆座椅应该设计为可调节性、支持性和舒适性兼顾的产品。这种座椅能够适应不同人体形态的需求，比如可调节座椅和支撑头枕能够满足不同身高、具有背部和脊柱健康问题的人群的需求，降低读者身体的疲劳程度，提高读者的阅读和学习效率。

图书馆的桌子和书架设计也应该考虑人体工程学的因素。在设计书架时要考虑书本和文献的重量和体积。书架高度应根据读者的身高进行调节，使读者不需要过分弯腰或抬头就能够完成借阅。桌子应该设计成可以前后移动和升降的来满足不同读者的需求，确保读者在阅读和学习时的姿势正确，减少手臂和手腕疲劳，提高读者的学习效率。

照明也是图书馆服务对人体工程学响应的关键因素。合适的照明是维持读者在图书馆内的舒适度的重要因素。室内照明设计应综合考虑外部环境、是否具备窗户、照明设备的使用等因素。

图书馆应该在考虑读者的不同需求后，提供良好的环境和设施以

便读者在图书馆内工作和学习。为了满足读者的需求,图书馆应该提供免费的Wi-Fi、充电插座和电脑,同时也应该保持良好的空气质量以确保室内环境的舒适度。

人体工程学在图书馆服务中扮演着重要角色。图书馆服务环境设计应该考虑不同体形人的需求以支持人体生理和心理的健康,提高工作效率和学习效率。图书馆服务提供者应该不断改进和创新,以确保提供最佳的服务和环境。

另外,图书馆服务设计还需考虑读者在图书馆中可能出现的其他健康问题。长时间坐着不动可能导致身体疲劳和健康问题,因此,图书馆应该提供一些运动设施,例如健身房、瑜伽室和休闲区,以鼓励读者积极参与运动、放松身心、缓解压力和疲劳。这些设施是图书馆服务的一部分,可以为读者提供更全面的体验。

图书馆服务设计还需考虑残障人士的使用需求。为满足这些残障人士的需求,图书馆应该提供无障碍通道、无障碍电梯并为视力障碍者提供特殊服务。这些便利措施可以帮助残障人士更好地访问图书馆并在图书馆中学习,确保他们的权利和尊严得到妥善保护。这也是图书馆服务应该承担的社会责任。

图书馆服务还应该关注和了解读者对图书馆服务的反馈和建议。读者的反馈可以帮助图书馆服务提供者找出问题并改进服务,提高读者的满意度。

总之,人体工程学对图书馆服务的影响大于我们的想象。图书馆服务提供者需要关注人体工程学的发展并通过不断改进服务和环境来满足读者的需求。通过改进和创新,图书馆服务提供者可以为读者提供更佳的阅读和学习体验。

# 第三节 图书馆人体工程学应用案例分析

## 一、图书馆座椅设计中的人体工程学需求与实践

图书馆座椅的设计需要考虑人体工程学的需求,确保读者的舒适感和健康。人体工程学是一门关注人体与环境之间适应性和效率的学科,它考虑人体的生理和心理特征,如体形、姿势、认知和行为等。在图书馆设计中,座椅的人体工程学需求和实践是非常重要的。

首先,图书馆座椅应该保证读者在使用时可以保持正确姿势。这意味着座椅的高度、深度和宽度应该适合大部分读者的体形。其次,座椅的背部设计也非常重要。背部应该有足够的高度和宽度来支撑人的腰部和背部,减轻腰椎压力。座椅的表面材料和填充物应该具有良好的弹性和支撑性,以确保读者在长时间的阅读过程中感到舒适。再次,座椅的扶手也需要考虑到人体工程学的需求。扶手的高度和宽度应该适合,以避免读者手臂和肩膀的不适。同时,扶手的材料也应该具有足够的柔软度。最后,图书馆座椅的设计还需要考虑读者的习惯和文化差异。例如,座椅的位置和排列应该方便读者进出,并确保他们的隐私和安全。有些读者可能更喜欢坐在地上或者使用坐垫,因此在设计座椅时需要了解不同文化的差异,以便更好地满足读者需求。

在实践方面,设计师可以通过人体工程学评估,对座椅的高度、深度和宽度进行测试,确保其符合读者的体形。图书馆可以使用座椅样品,在正式开馆前让读者来测试座椅的舒适性和支持性。

座椅的耐久性和可维护性也是设计中需要考虑的因素。在图书馆等公共场所,座椅的使用频率较高。因此,要考虑座椅的材料、结构和维护要求,以确保座椅能够经受住长期的使用。

座椅的设计还需要考虑读者性别差异。女性的体形比例与男性不

同。因此，在座椅的高度、深度和宽度等方面需要进行细致的分类设计，以满足不同性别读者的需求。

另外，人体工程学还强调座椅的人性化设计。设计师应该关注座椅的人性化设计，使座椅可以为读者提供更多便利。例如，可以在座椅上增加插座、USB接口等，以更好地满足读者需求。

总体而言，人体工程学在图书馆座椅设计中发挥着至关重要的作用。基于读者的身体特征和需求，设计师需要考虑座椅的高度、深度、宽度、扶手、靠背、材料等诸多因素，从而设计出更加符合读者需求的座椅。在实践中，设计师需要通过一系列的测试和实践，来验证座椅的舒适性和支持性等，从而为读者提供更好的阅读和学习体验。

## 二、图书馆电子书的阅读体验及其在人体工程学上的需求

随着科技的快速发展，电子书逐渐成为人们阅读的重要方式。作为一种新型的阅读方式，图书馆需要考虑电子书在人体工程学上的需求，从而为读者提供更好的阅读体验。下面介绍读者在图书馆的电子书阅读体验并分析其在人体工程学上的要求。

首先，电子书阅读需要考虑显示屏的大小和分辨率。为了提供更好的阅读体验，电子书的显示屏需要足够大以便读者可以轻松地阅读。同时，显示屏的分辨率也需要足够高，以保证文字和图像的清晰度和可读性。另外，电子书的显示屏亮度、色彩等参数，也应该符合人体工程学的需求，避免对读者视力造成不良影响。

其次，电子书阅读时需要考虑读者的阅读姿势。为了避免读者长时间阅读造成视觉疲劳，电子书的设计需要考虑读者的阅读姿势和阅读习惯。电子书可提供多种翻页方式，如手指滑动、手势等，以更好地满足不同读者的需求。另外，电子书的显示屏亮度、字体、背景颜色等参数也应该可以通过自适应调节和设置来满足读者不同的需求，提升阅读体验。

除了显示屏和阅读姿势，电子书的尺寸和重量也需要考虑人体工程学的需求。因为电子书是便携式的，所以设计师需要考虑到尺寸和重量对读者的影响。电子书的尺寸应该适合读者的手掌大小，以保证读者握持时不会感到不适。另外，电子书应该轻便小巧，避免长时间的阅读给读者的手部和手臂造成压力。

再次，电子书的功能和界面也需要考虑人体工程学的需求。电子书可以提供搜索、书签、笔记等功能，从而使读者更方便地管理和阅读内容。电子书的界面应该简洁易懂且易于操作，从而降低读者的使用难度，提高阅读效率。同时，还要考虑读者的习惯。例如，读者倾向于使用哪些阅读工具、读者使用阅读工具的频率以及阅读工具与其他软件的兼容性等。

最后，在电子书和图书馆阅读区域的连接上要考虑人体工程学的需求。在图书馆设计中，电子书阅读区域座位的高度、宽度、深度、靠背、扶手等要符合人体工程学的需求，从而保证读者长时间阅读时的舒适性和支持性。同时，电子书阅读区域的布局和安排应该考虑读者的隐私和安全需求。除了上述的人体工程学需求外，图书馆电子书的阅读体验还需要考虑一些其他的因素。

第一，电子书的电池寿命是需要考虑的重要因素。为了提供更长时间的阅读体验，电子书的电池应该具有足够的容量和续航时间。设计师需要考虑电子书的电池寿命和电源管理，确保读者能够在较长时间内持续使用电子书。第二，图书馆的电子书配置需要考虑到读者的视觉需求。例如，对于容易眼部疲劳的读者，电子书可以提供护眼模式。第三，与图书馆的环境和空间设置有关。例如，电子书的阅读区域应该拥有足够的光照并保持空气流通，以使读者长时间地阅读后不会出现视觉和身体上的疲劳。阅读区域应该提供不同的阅读环境，如安静的学习空间、能自由交流的休息区等。通过不断地优化和改进，电子书将会成为更加适合读者阅读的新型阅读方式，为读者提供更好的阅读体验。

## 三、符合不同读者人体工程学需求的学习区域安排

随着人们对健康和舒适的关注度不断提高，越来越多的人开始关注人体工程学，这也促使许多学校和机构开始关注学习区域的设计是否符合不同读者的人体工程学需求。以下我们将讨论如何设计学习区域以满足不同读者的人体工程学需求。

### （一）坐姿学习区域

坐姿学习区域适用于大部分读者，因为大部分读者喜欢采用坐姿学习。这种类型的学习区域需要考虑椅子的高度、腰枕的位置、桌子的高度等。对于那些需要长时间坐在电脑前的读者，应该提供可调节的桌子和椅子，以便他们调整适合自己的坐姿，从而避免长时间保持坐姿造成的身体不适。

### （二）站姿学习区域

站姿学习区域适用于那些不能适应长时间坐姿的人或者那些需要保持活动的人。这种学习区域需要考虑桌子的高度，以保证身体不需要过度弯曲就可以正常使用桌子。

### （三）休息区

休息区是为那些需要缓解压力和疲劳的人提供的。这种休息区域可以是一个舒适的沙发，也可以是一个小型休息室。休息区需要提供柔软的座椅、柔和的灯光，以及放松的音乐，从而让人放松身心。

### （四）多功能学习区

多功能学习区可以适应不同读者的需求。这种学习区域是灵活的，可以根据需要转换为坐姿学习区域、站姿学习区域、休息区等。它

应该便于调试和调整从而满足读者的不同需求。

（五）带屏幕的学习区

带屏幕的学习区是专为电子书阅读而设计的。这种学习区域需要考虑屏幕的高度、角度和室内的光线。光线应该是柔和的，避免灯光通过屏幕造成反射和眩光。

除此之外，对于学习区域的设计还需要考虑以下几点。

（1）合理利用空间：学习区域的面积应该足够大。在空间受限的情况下，设计师可以考虑使用多层柜子或墙壁书架等来提高空间利用率。

（2）设计符合地区文化和特点：学习区域的设计应符合读者的地区文化和特点。在某些地区，人们喜欢坐在地上学习，因此设计师应该为读者提供坐垫。

（3）功能区域划分：学习区域可以根据读者的需求和活动进行划分。一个学习区域可以包括阅读区、电脑区、小组交流区等。这样有助于读者更好地组织学习活动。

（4）可持续性设计：学习区域的设计应该考虑可持续性。例如，使用环保材料和节水节电设备。

综上所述，学习区域的设计需要全面考虑读者的需求，合理利用空间，科学划分功能区域并考虑可持续性。设计师应该密切关注读者的反馈并根据需要进行调整和改进。

## 第四节 图书馆人体工程学应用评估

### 一、如何评估图书馆人体工程学的应用效果

图书馆是学术和知识共享的重要场所。随着人们对健康和安全的

要求越来越高，人体工程学在图书馆的应用备受关注。评估图书馆人体工程学的应用效果需要考虑以下几个方面。

### （一）应用前的需求分析

在应用人体工程学前需要通过调查问卷、访谈和观察等方式收集意见，以便更好地了解读者的身体状况、工作或学习需求等数据。这些数据可以用来指导人体工程学的应用，包括确定座椅高度、桌子高度、视觉距离、书架高度等。

此外，还需要了解读者对图书馆空间感受的评价和反馈，从而了解当前图书馆是否满足读者的需求。

### （二）应用后的读者调查

应用人体工程学后需要读者进行反馈和评价。这可以通过调查问卷、访谈和观察等方式来实现。例如，通过调查问卷收集到的数据包括读者对座椅和桌子高度的满意度、读者对空间照明和噪声的感受等。这些数据可以评估人体工程学的应用效果，同时也可以针对读者的反馈和建议对图书馆进行改进和调整。

### （三）应用后的使用数据分析

评估图书馆人体工程学应用效果还可以使用数据分析技术。例如，使用传感器、监控摄像机等设备收集读者的活动数据，从而了解读者的工作姿势、活动频率、设备使用频率等。图书馆可以通过跟踪读者的电脑使用时间和位置来评估座位和桌子高度是否符合人体工程学要求，还可以通过收集读者的使用数据来分析读者的阅读习惯和使用频率，以便对图书馆的空间和家具进行优化。

(四)应用效果持续分析

人体工程学是一个需要不断发展和改进的领域,因此评估图书馆人体工程学应用效果这一工作需要持续进行。图书馆需定期进行评估和调查,从而确定当前的应用效果和读者需求,同时根据最新的人体工程学研究成果,对图书馆进行改进和调整。

(五)应用效果指标的建立

为了更好地评估图书馆人体工程学应用效果,图书馆需要建立应用效果指标,包括人体健康、工作效率、读者满意度等方面。这些指标可以评估人体工程学应用的优劣,并对人体工程学应用进行优化和改进。

## 二、如何通过评估改进和完善图书馆的人体工程学应用

图书馆是学术和研究的中心,不仅给读者提供文献检索和阅读服务,还提供各种设施和设备,为读者创造更好的阅读和学习环境。人体工程学是一门人类与技术交互的学科,它可以帮助图书馆进行人性化的空间设计,提高读者的舒适度和阅读效率。下面介绍如何通过评估改进和完善图书馆的人体工程学应用。

(一)评估现有的设计

评估现有的设计是改进和完善图书馆人体工程学应用的第一步。这个过程需要考虑读者的个体差异性,如年龄、身高、性别、健康状况等。评估可以从以下几个方面展开。

(1)设计布局:评估图书馆的整体布局和细节设计,包括阅览室、书架、桌子和椅子等,评估它们是否满足读者使用的需求。同时,还需考虑灯光、噪声和通风等环境因素。

（2）设计元素：评估图书馆的设计元素，如位置布局、颜色对比、标识符、图形和形状，评估它们是否能够提高图书馆的使用便利。

（3）设备和技术：评估图书馆的设备和技术，如电脑、打印机、扫描仪和无线网络等，评估它们是否能够提高读者的阅读效率。

以上三点是评估图书馆人体工程学应用的主要方面。评估后便可以找出图书馆现有设计存在的问题和需要改进的地方。

### （二）改进设计

改进设计是指针对评估发现的问题提出合理的解决方案，使图书馆的空间更加舒适和人性化。改进设计是一个持续的过程，需要综合考虑读者的需求和技术发展的趋势。

下面是几个重要的改进设计。

（1）布局和细节设计：重新安排空间和重新设计细节，如调整书架的高度和长度，更换桌椅，优化灯光、采光和通风等环境因素。这些改进设计可以增加图书馆使用的便利性和读者的舒适度。

（2）元素设计：通过改变字体大小、颜色对比、标识符、图形和形状等设计元素，提高读者的舒适度。

（3）设备和技术设计：通过更新设备和技术提高读者的学习效率，如更新电脑、打印机、扫描仪和无线网络等，还可以利用新的技术改善图书馆的服务，提升读者体验。

### （三）评估改进效果

改进设计后需要评估改进效果。这需要通过再次评估来确定改进是否真正地提高了读者使用的便利性和舒适度。

评估改进效果的过程包括以下几个步骤：

（1）收集数据：通过观察和问卷调查等方式收集数据，比较改进前后使用的变化并判断改进是否达到预期效果。

(2)分析数据:将收集到的数据进行分析,确定是否有显著的改进效果,通过数据分析来确定改进前后的差异和改善程度。

(3)总结结果:把收集、分析的数据进行总结后反馈给图书馆和设计师,说明改进的结果。

完善和改进图书馆的人体工程学应用是一个复杂的过程,需要考虑读者的需求和技术发展的趋势,通过评估改进效果可以确定改进是否有效以及改进设计是否达到了实际预期效果。

# 第五章　环境心理学与图书馆空间设计

在数字化背景下，读者是阅览空间的主要服务对象，设计的出发点应该以读者的需求为目标。不管是现在还是将来，满足读者的需求永远是图书馆的职能所在。读者需求包括很多方面，不仅对图书馆信息资源质量、种类和服务有需求，还对图书馆室内阅览空间环境有新的需求。温馨的图书馆阅览环境能让读者体验“到馆如到家”的感觉，营造舒适的图书馆室内阅览环境是图书馆空间设计必须重视的问题。

## 第一节　环境心理学与图书馆空间设计的关系

### 一、心理学与环境心理学

心理学是研究人类心理现象及其影响下的精神功能和行为活动的科学，而环境心理学是心理学的一个分支，是研究人的行为与环境之间相互作用和影响的学科。具体而言，环境心理学关注的是人的行为和体验受到何种环境的影响，包括物理环境、社会环境、文化环境等。环境心理学的研究涉及许多不同的领域，如城市规划、建筑设计、自然保护、交通设计等。

心理学和环境心理学之间的关系是密切的，因为环境因素可以直接或间接地影响人的心理过程和行为。例如，图书馆建筑和结构布局可以影响人的情绪和压力水平，自然环境可以对人的健康产生积极的影响,工作场所的设计可以影响馆员的工作效率等。

因此,心理学和环境心理学的交叉研究可以帮助我们更好地理解人类的行为,体验人与环境之间的关系,并提供更好的环境设计和规划以促进人类的健康和幸福。

## 二、环境心理学在图书馆空间设计中的作用

在数字化时代,人们的学习行为和方式发生了巨大的变化,图书馆不仅是提供图书借阅的场所,还是社交和学习场所。这使得图书馆空间的设计变得极为重要。与此同时,环境心理学的研究为图书馆空间设计提供了重要的理论基础,它能够帮助设计师了解读者的行为和需求,从而创造出更加舒适的图书馆环境。

环境心理学是将人类的行为、心理和生理反应与环境之间的相互作用进行交叉研究的学科。在图书馆空间设计中,环境心理学的因素包括:

(1)声音。图书馆是一个需要安静的地方,所以声音是非常重要的因素。合适的声音可以提高环境质量,同时也能够降低读者的压力和焦虑感。

(2)照明。照明是又一个关键因素,因为光线可以影响读者的精神和身体健康。合适的照明可以提高读者的工作效率和学习效率。

(3)色彩。色彩会影响人们的情绪和行为。适宜的色彩设计可以提高环境美感,促进读者学习和思考。

(4)空气质量。空气质量是影响读者健康和舒适度的重要因素。通风和空气净化系统可以提高室内空气质量,保护读者的呼吸健康。

(5)空间布局。合理的空间布局可以促进读者间的社交。开放式的空间设计可以创造出更加和谐友好的图书馆氛围。

设计师可以根据环境心理学的原理和研究结果来优化图书馆的空间设计,为读者提供更加舒适和高效的使用体验。以下是一些实践

建议：

（1）优化空间布局。设计合适的空间分区和布局，使图书馆空间能够满足读者不同的需求。例如，用于独立学习、小组讨论或是社交活动的空间。

（2）提供多样性的空间。提供不同风格的空间，例如舒适的休息室、安静的研究室和开放的学习区域，以满足读者不同的需求。

（3）创造有利于交流和互动的空间。鼓励读者交流和互动，例如利用环境声音和各种非语言沟通方式来创造社交氛围。

（4）提供多样化的家具和设施，例如舒适的椅子、便利的电源和宽敞的工作台等，以提高读者的学习效率。

环境心理学的理论和研究结果为图书馆空间设计提供了有用的参考。优化图书馆空间，创造出以读者为中心的设计方案是图书馆空间设计的未来趋势。设计师需要了解读者的行为和需求，才能创造出更加舒适和高效的图书馆。同时，数字时代的到来使得图书馆逐渐转变为社交和学习的场所，设计师需要考虑如何在这种新的环境下利用环境心理学的原理和研究结果来满足读者的需求。

总的来说，环境心理学和图书馆空间设计之间是密切关联的，设计师需要了解人类的行为和需求，才能创造出更加优秀的图书馆空间来满足未来读者的需求。

## 第二节　图书馆室内空间环境对读者的心理影响因素分析

环境在悄悄地影响着人的情绪，人们在不同的环境中会产生不同的情绪反应，出现不同的心理反应。当读者进入图书馆大厅时会产生一种庄严的心理感受和情绪，进入阅览室就会产生另外一种情绪，处于图书馆咨询部、流通部、办公区域等不同的空间环境里，所产生的情绪都不同。图书馆室内设计中的“景”指的就是室内的环境，图书馆阅览空间中的“景”除了要满足使用功能需求外，也要满足使用空间主体——人的情感需求，达到“情”“景”相融的效果。

## 一、绿化对读者情绪的影响

绿色植物可以让人产生一种亲近大自然的感受，绿色植物不仅具有装饰环境、提升美感的效果，它本身还具有实用的功能：吸收有毒、有害气体，呼出氧气。将不同类型的绿色植物放到合适的室内阅览空间中，既能美化阅览室环境又能净化室内空气，还可以起到降低、减少噪声和分割空间的作用。随着生活水平的提升，读者越来越注重生活品质，对居家、工作、学习的环境理念也发生了改变，在满足使用功能的基础上，更加重视追求心理上的需求。绿色植物不仅能给读者带来亲近自然、赏心悦目的感受，还可以使读者紧张的心情放松下来，提高阅读效率。

## 二、色彩对读者情绪的影响

人对色彩的反应主要是由神经系统引起的，色彩可以对人的心理、情感产生引导和调节作用。在图书馆室内阅览服务环境装饰过程中，使用不同的色彩搭配会让读者产生不同的心理感受。例如，暖色调给人的感受是热情奔放，比较适合休闲空间；冷色调给人宁静的感觉，比较适合阅览空间。将这种色彩产生的情感运用到图书馆室内阅览空间设计的色彩搭配中，不仅为空间阅览环境增加了独特的格调和氛围，还能表达出读者的内心世界。合理地运用图书馆室内阅览空间环境的色彩搭配，能体现出空间环境使用者的品位和情趣，使图书馆室内空间阅览环境达到和谐统一[①]；增加空间环境的情趣，满足读者对图书馆室内阅览空间色彩美的追求。室内阅览空间使用什么样的色彩取决于读者

① 赖杰.图书馆室内装饰中的色彩搭配技法浅析[J].大众文艺，2017(10)：136.

的需求，在图书馆的室内空间环境设计过程中，我们要从读者的心理需求出发，根据色彩带给读者的心理感受，运用色彩规律设计和营造一个舒适、和谐的高校图书馆室内阅读空间环境[①]。

## 三、照明对读者情绪的影响

读者对图书馆阅览空间环境的第一视觉感受是光，照明的效果不仅影响读者的视觉感受还影响阅览室空间环境氛围的营造。阅览室照明设计是图书馆室内空间设计中的重要组成部分。图书馆是读者阅读学习的场所，设计者要充分考虑读者的心理需求。在进行阅览空间照明设计时，我们既要注重阅览室内照明设计的协调性，又要达到读者的视觉要求，让读者的视觉和审美感受达到最优，营造出温馨的阅览氛围。

读者来到图书馆需要的是柔和、明亮的光照环境，明亮、雅致、舒适的气氛才能使读者全身心地投入阅读中，提高阅读效率。另外，这样的室内环境能使读者的视觉得到有效保护，同时会对读者的情绪和心理活动产生影响，对保护读者的身心健康起着潜移默化的作用。

## 四、装饰材料对读者情绪的影响

图书馆使用的装饰材料，不仅能看得到，还能摸得到。装饰材料不仅通过读者的视觉对人的情感产生影响，不同的材料有不同的物理性质，质感和纹理的不同也会让读者产生不同的情感。这些情感会通过视觉、触觉等感觉体现出来，使读者拥有具体的感受。例如，读者对人工纹理、自然纹理的感受是不一样的。

装饰的材质、纹理、质感不同，情感的体验也不同。例如，木质材料给人一种自然生机的感觉，其具有自然性和环保性，它的情感体验是

① 杨志亮．从色彩的心理感受谈图书馆的室内空间配色[J]．中小学图书情报世界，2008(6)：8-10.

其他材质达不到的；在室内装饰设计中运用最广的石质材料是大理石，它给人一种高档大气的情感体验；玻璃是图书馆室内装饰设计中必不可少的一种材料，图书馆建筑所有的窗户几乎都是玻璃的，透明的玻璃给读者一种干净、明亮的感受。

### 五、噪声对读者情绪的影响

噪声对读者的影响主要是心理学层面上的。噪声会对读者大脑的学习能力产生一定的影响，会干扰人的思维并降低人的学习效率。在噪声较大的情况下，读者很容易产生记忆力下降、心情烦躁、学习疲劳等情况。图书馆阅览空间环境中的噪声主要是图书馆内读者之间的讨论、交谈等产生的，这种噪声环境影响读者的学习情绪，要改善这种环境状态[①]，可以在图书馆中设置放松休闲区域，还可以在图书馆室内空间中布置绿植带隔断，把动静空间分割开，阻隔噪声的传播，让读者有一个舒适安静的学习氛围。

## 第三节 “情”“景”融合的图书馆室内空间环境设计

### 一、以读者为中心“情”“景”相融的图书馆室内空间环境设计

“情”“景”相融设计，强调的是从读者的“情”出发，影响图书馆室内空间环境“景”的设计；同时，“景”的存在，反过来又对读者产生影响，使得读者的情感发生变化，而“情”感的变化又对“景”的直观感受产生了一定的影响。

读者与图书馆室内阅览空间环境的相融，都是从读者的“情”感出发来满足读者需求的，可以从三个方面来阐述：第一，要符合读者的使用习惯；第二，要满足读者的功能需求；第三，要满足读者对室内空间

---

① 代为强.图书馆室内空间对学习行为的影响[D].大连：大连工业大学，2015.

环境的审美需求,优质的图书馆室内空间环境能带给读者精神和心理上的满足。一个舒适的图书馆阅览空间,让读者仿佛置身知识的海洋,有一种读书的冲动。不同的环境带给读者的情感是不一样的,情景相融的环境[①],能使读者更好地融入阅览空间环境中,沉浸于阅读。

情景化设计,是“情”“景”融合理论在室内阅览环境设计中的一个延伸。所谓情景化设计,就是把“情”“景”理论运用到图书馆的室内阅览环境设计中,强调“情”与“景”的相互作用。图书馆室内阅览环境设计的根源和目标都服务于空间阅览环境的使用者,那么所有的设计就应该从读者的角度考虑。一切以读者为中心的人性化设计,在使用功能和情感上,都应该满足读者的需求。“情”“景”化设计,强调的是从读者的“情”出发,影响“景”的理解。但是,“景”的存在,会对“情”产生影响,使得人的“情”感发生波动或变化;而“情”感的变化又对“景”的理解产生一定的影响。

图书馆室内阅览空间环境设计的最终目的是服务读者,是对读者身边阅览环境的营造。我们把“情”“景”理论引到图书馆阅览室内空间环境设计中,从“情”与“景”的关系出发,分析室内阅览空间环境设计,旨在更好地为读者服务。例如,四川大学图书馆室内阅览空间环境设计(图 5-1),从读者的情感出发,运用不同材质、纹理、造型的家具来布置空间,表现出空间的趣味性。阅览空间中的阅览桌可以随意搭配组合,超长的沙发可以让读者随时学习和休息,满足读者对阅览空间环境的情感需求,包括趣味性、舒适度等,让处于这样的环境中的读者感到轻松、愉悦。为了满足读者情感的需求,我们还可以改变阅览空间里的平面布局来适应读者的使用习惯。一个优质的阅览空间服务环境,既能适应读者的使用习惯又能满足读者对其功能和空间审美的需求,使读者感到心情愉悦,从而提高学习效率。

---

① 卢一.信息时代公共图书馆阅览空间情景化设计[D].成都:西南交通大学,2012.

图5-1　四川大学图书馆阅览室

创造理想的图书馆室内空间环境是为了提高读者的学习效率。图书馆的室内空间环境是针对读者的行为需求而创造的空间环境。一切设计都是以读者为中心来设计的,当读者进入庄严的图书馆室内阅览空间环境后,也会自觉调节个人的行为习惯,保持安静的状态。在图书馆阅览空间设计中,我们应把人的需求和行为习惯放在第一位,为读者提供更优质的服务环境。

## 二、“情”“景”融合的图书馆室内空间环境设计原则

### (一)安全性原则

以读者为中心的设计过程和理念均要求在室内空间环境设计时考虑读者的生理和心理安全。其中,生理安全是指图书馆内部空间结构、家具、设备、环境的安全性;心理安全是指让读者在心理层面上感觉到安全能够得到保障。

安全性原则在图书馆中主要是指图书馆建筑室内结构的安全性,比如随着时代的发展原有图书馆的空间不能满足读者的需要,图书馆需要改造室内的空间来满足读者对空间的需求。但需注意的是,要根据原有图纸进行改造,不能拆除承重墙,不能随意改变建筑结构,也不能随意地增设墙体,增加楼面的负荷,以免埋下安全隐患,确保读者的人身安全。对于读者的个性化需求和心理安全方面的需要,也要在确

保建筑空间安全稳定的情况下实施，应时刻考虑建筑结构的安全，以免形成隐患。

（二）健康舒适性原则

随着生活节奏的加快，读者需要一种自然绿色的阅览学习环境。因此，图书馆阅览空间设计必然要遵循健康舒适性原则，让读者体验“到馆如到家”。

图书馆进行内部空间改造时，尽量使用一些轻便、健康、环保的装饰材料。图书馆阅览空间服务环境的规划与设计中，在考虑环保、节能的同时，还应引进自然景观，精心布置馆内绿化，让读者能够亲近自然，从而缓解疲劳、愉悦心情、提高学习效率，拥有良好的生理体验和心理感受，在视觉上和触觉上感觉到舒适。为读者营造一个健康舒适的阅览室服务空间环境，是现代图书馆设计的主要目标，也是人性化设计在图书馆空间环境设计中最为直观的体现。

（三）协调与可持续发展原则

正如国家图书馆在某种程度上代表一个国家的文化底蕴，城市图书馆在某种程度上代表着一座城市的素质修养，高校图书馆在某种程度上代表了一所高校的形象、底蕴和品位。因此，图书馆空间设计必须遵循协调与可持续发展原则。

具体而言，协调原则要求图书馆服务环境中的馆藏文献、服务设施、装饰装修要保持协调有序，能给读者带来赏心悦目的体验。在图书馆服务环境的规划与设计中，一定要将图书馆整体服务环境进行综合规划设计，考虑装饰功能和实用功能的有机统一，达到形式协调和整体和谐的目的。随着现在社会智能化、数字化的发展，读者对服务质量的需求也在不断地变化，为了适应这个需求的变化，可持续发展原则要求在图书馆阅览空间环境的规划和设计过程中要为未来的发展留有余地，以便图书馆未来的布局、调整随时可以实施，不至于在需要进行改造时无从下手。

（四）经济节能、节约原则

图书馆在空间设计中需要考虑投入成本，考虑读者心理和生理需求的同时，还需要结合自身特点对财政状况、读者规模和服务社会的体量等因素进行综合考虑。在图书馆室内空间装饰装修设计中，要本着经济节能、节约的原则，花最少的钱办高效的事。尽量避免浪费，提高装饰装修材料的利用率，尽可能地使用节能材料和相关设备产品，降低能量损耗，减少对环境的污染。通过精心设计，图书馆室内阅览空间不仅要达到协调统一的美学效果，而且要实现经济节能。

## 第四节　图书馆环境心理学应用评价

### 一、图书馆环境评价的重要性

图书馆是读者获取知识和信息的重要场所。除了书籍、期刊等纸质媒介外，现代图书馆也提供数字化资源的访问和使用服务。因此，图书馆不仅是阅读和学习的场所，还是社交的场所。图书馆的环境对读者的行为和情绪有着深刻的影响。因此，图书馆环境心理学应用的评估对于提高图书馆的服务质量和读者满意度具有重要意义。图书馆环境评价是提高图书馆服务质量和读者满意度的重要手段。

### 二、图书馆环境评价的方法

（一）问卷调查法

问卷调查法是图书馆环境评价的一种常用方法。通过问卷调查，我们可以了解读者对于图书馆环境的评价，包括噪声、光线、温度、空气质量、布局、座椅舒适度等方面，还可以了解读者对图书馆环境的满意度、需求和期望，以便为读者提供更加贴切的服务。

（二）访问观察法

访问观察法是通过对图书馆环境进行观察和记录，了解读者在不同环境下的行为和情绪的方法。通过观察读者的行为和情绪，我们可以了解读者对图书馆环境的适应性和满意度，还可以了解读者对图书馆环境的评价和需求，为图书馆的读者需求服务改善提供数据。

## 三、图书馆环境评价的内容

（一）噪声

噪声是评价图书馆环境的重要因素。噪声会对读者的学习和研究产生影响。因此，在图书馆环境评价中应该全面考虑噪声来源和影响，以制定合理的噪声控制措施。这些措施旨在为读者提供一个安静且舒适的学习环境，使读者能够集中注意力、全神贯注地阅读和学习。

（二）光线

光线是评价图书馆环境的重要因素。光线的强弱会对读者的阅读和学习产生影响。因此，在图书馆环境评价中应该全面考虑光线的强弱和使用时间，以制定合理的光线控制措施。这些措施旨在为读者提供一个适宜的、舒适的学习环境，使读者能够更好地阅读和学习。

（三）温度和湿度

温度和湿度是评价图书馆环境的重要因素。温度和湿度过高或过低都会影响读者的学习和研究。在图书馆环境评价中应该考虑到温度和湿度的适应性和影响,制定合理的温度和湿度控制措施。

（四）空气质量

空气质量是评价图书馆环境的重要因素。空气质量不佳会对读者的健康产生负面影响,影响读者的阅读和学习。在图书馆环境评价中应该考虑到空气质量的保护和改善,制定合理的空气质量控制措施。

（五）布局

图书馆的布局对于读者的阅读和学习有着重要影响。合理的布局可以让读者更加便利地使用图书馆资源,提高学习效率。在图书馆环境评价中应该考虑到图书馆的空间结构和布局,制定合理的空间规划和布局方案。

（六）座椅舒适度

座椅舒适度对于读者的阅读和学习也有着重要影响。不舒适的座椅会影响读者的学习效率和体验。在图书馆环境评价中应该考虑到座椅舒适度并制定合理的座椅设计方案和管理措施。

（七）服务质量

除了对图书馆环境的评价,服务质量也是评价图书馆的重要方面。图书馆的服务质量包括服务态度、服务效率、服务内容等多个方面。优质的服务可以提高读者的满意度,增强读者对图书馆的依赖和信任。

## 四、图书馆环境改善的措施

根据图书馆环境评价的内容,想要改善图书馆环境,主要措施包括:

(1)实施噪声控制措施,采用隔音材料、声音吸收器等设施控制噪声。

(2)优化光照设计,合理配置光源,调整光照强度和色温,提高光线质量。

(3)控制温度和湿度,采用空气调节设备保持室内温度和湿度适宜。

(4)提供舒适的座椅和工作环境,改善图书馆的空间规划和布局设计。

(5)加强服务质量管理,提高服务态度和效率,完善服务内容和管理措施。

图书馆环境评价是提高服务质量和读者满意度的重要手段。通过问卷调查、访问观察等方法,我们可以了解读者对于图书馆环境的评价和需求。在图书馆环境评价中应该考虑到噪声、光线、温度、空气质量、空间布局、座椅舒适度等方面的影响因素,并制定合理的控制措施和改善方案。优质的图书馆环境可以提高读者的满意度,增强读者对图书馆的依赖和信任。

# 第六章 图书馆室内空间再造设计

室内空间再造设计是人类对自身生存环境、空间质量不断追求和创新的一项社会活动。它在不同时期折射出人们生活方式和社会现象的不同,它既是融合美学的一门科学技术,又是功能实用性和审美艺术的结合体。室内空间再造设计离不开建筑物本身,它是对建筑空间设计的延续与扩展,是一项空间再创造和再美化的活动。

随着科技和社会的发展,原建筑空间形态已经不能满足读者的生理、心理以及环境、社会等需求,这时就需要对原室内空间进行再造,运用一定的经济、技术手段对图书馆室内空间重新进行组织和规划,创造出能满足读者物质与精神功能需要的图书馆室内环境。

图书馆服务环境空间再造设计是指重新构思和设计图书馆空间布局以更好地满足读者需求的过程。过去图书馆主要围绕着收藏和管理实体图书来组织空间布局。现代图书馆的重点已经发生了转变,不仅是存储和借阅图书的空间,还是支持读者进行各种个人和协作活动的动态灵活空间。现代图书馆的设计必须响应这些变化的需求,创造一个适应性强的环境,以支持各种活动和体验。

现代图书馆不仅是信息的资料库,还为读者的学习、交流和探索提供社交场所。现代图书馆的服务环境需重新构思设计,以满足这些变化的需求。服务环境可以包括开放式学习区、多功能空间、自习室、协同工作区、会议室、专业服务区、电脑区、休息区等。因此,设计图书馆服务环境空间的重点已经变得更加灵活、更加多样化。

## 第一节 图书馆室内空间再造设计的原则与实施

图书馆服务环境空间再造设计应该遵循一些关键原则,包括灵活性、可访问性、可持续性和以读者为中心等。同时,也要遵循动态发展的原则,如平面布局、组织空间等。

### 一、图书馆服务环境空间再造设计的原则

#### (一)灵活性

在现代图书馆中,灵活性非常重要。灵活性是指空间和家具可以灵活地进行重新配置以支持各种活动。这可以通过使用可移动家具和分区系统来实现,从而为实体书籍提供更多的空间。

#### (二)可访问性

为了确保图书馆对所有读者都是友好和可用的,设计人员必须考虑到他们的身体能力并提供解决方案,尤其要考虑孩子、老年人和残障人士等特殊群体的需求。这可以通过提供无障碍设施,如电梯、坡道、无障碍厕所和卡片读取器来实现。

#### (三)可持续性

图书馆作为区域的资源中心应该对自身造成的环境影响负责。设计人员应该将可持续性因素纳入设计过程中,包括减少能源和水的消耗、使用环保材料、最大限度地减少噪声和有毒物质,以及减少废物排放。此外,图书馆可以通过使用可再生能源以及收集雨水等方式来降低环境负担。

### (四)以读者为中心

在图书馆服务环境空间再造设计中应该始终将读者作为设计的核心。这意味着设计人员必须了解读者的需求和喜好并结合这些因素来制定最终设计方案。另外,设计人员应该参考读者反馈来衡量设计的成功程度并根据反馈进行修改和改进。

## 二、图书馆室内空间再造设计的动态实施

现代图书馆室内空间设计在平面布局、空间组织、装修构造和设备安装等方面都应留有更新改造的余地,不能把图书馆室内设计的依据因素、使用功能、审美要求看成是一成不变的,应以动态发展的眼光来认识和对待。当今图书馆的信息环境发生了巨大变化,网络的普及为读者使用数字资源提供了便利,图书馆的使用率及图书的外借量受到了很大的影响。然而,近几年图书馆进馆人次不但没有下降反而略有上升,这说明读者对图书馆空间的环境需求仍比较大。作为高校的文献信息资源中心,图书馆应根据读者的需求对图书馆的空间及时进行改造。

### (一)平面布局

在图书馆平面布局设计时,使用功能是必须考虑的第一要素。因此,在对馆舍进行设计的过程中,既要考虑到整体布局美观,又要尽最大可能地发挥图书馆的使用功能。随着现代图书馆管理方式、馆藏资源形式的变化,读者借阅图书的一体化和服务社会职能的扩大化,在保证纸质资源藏、借、阅服务空间的基础上,现代图书馆的中心不再是馆藏图书,而是依据读者的需求变化与社会发展来规划图书馆的空间设计,实现图书馆空间结构的多元化。其服务方式与传统图书馆的服务

方式有明显区别，对图书馆平面布局、功能和服务也有了新的要求[①]。例如，日本多摩美术大学图书馆的拱形空间设计，使用交会的拱形把空间柔和自然地划分成不同的区域。当人们穿过不同跨度和高度的拱形空间时，所体验到的空间是悄然变换且多样化的。这种创新的建筑空间平面布局给人一种得体的新感觉。

基于以上考虑，要充分体现新时期图书馆的特点和特色，图书馆设计者不仅需要考虑整体布局还要兼顾局部设计。图书馆的柜架、座椅、桌子的设计和摆放要充分考虑到人体的特点，照顾到大多数读者特别是特殊群体。大门入口处应设置轮椅专用坡道以及可供双向开启的楼门，电梯里应设置低位操纵的开关，卫生间里应设置残疾人专用便位，阅览室里应设置残疾人专用的座位和辅助设施。

### （二）空间组织

设计者应根据不同的功能需要来进行空间规划、布置、美化，并对相应的空间结构、设备进行改造更新，在满足功能要求的基础上，加入更多的精神内涵，利用物质的多样性，巧妙加入丰富的造型手法，使空间呈现出立体的、相互穿插的、多姿多彩的形式，是人为环境设计的一种创造行为。

#### 1.使用实体隔墙来组织室内空间

实体隔墙是指用来分隔室内空间的不承重内墙。实体隔墙根据室内空间功能需求的不同采用不同结构和材质，主要有立板隔墙和石膏板隔墙两种。立板隔墙也叫立板隔断，是指在室内空间安装一块隔板，将室内空间合理划分为能够满足不同功能需求的场所。可以根据不同空间的需要在隔板上使用各类装饰，如壁画、涂鸦、油画等。石膏板隔墙，是将石膏板切割成条板作为隔墙材料，厚度为60～100 mm，宽度根

---

① 杨文建，李秦．现代图书馆空间设计的原则、理论与趋势[J].国家图书馆学刊，2015(5)：91-98.

据施工需求确定，高度根据施工空间实际高度确定，内置龙骨固定外饰石膏板，地面层用对口木楔固定施工，纵向板缝用胶水固定。实体隔墙应具备安装容易与拆卸简单两个条件，以备日后室内空间的改造。这种分割方式私密性较好，独立性强，可以对声音、光线和温度进行全方位的控制，适用于私密性要求较高的空间划分，如办公室、会议室等。

2. 利用绿化组织室内空间、丰富空间层次

以绿化划分空间的形式十分普遍，方法也很多。图书馆在大空间需要分割成小空间时，通过花台或绿化带同其他隔断形式并用，将大空间自然分成了若干个不同功能的区域。绿化对室内空间的延伸性、渗透性起到了积极作用。通过植物的布置，从一个空间延伸到另一个空间，特别是在空间的转折、过渡、改变方向之处更能体现空间的整体效果。图书馆为了改变空间的空旷和虚无感，可摆放大型植物对空间加以充实，如在大门入口、大厅中央等重要的视觉中心位置放置特别醒目、富有装饰效果的绿色植物，既起到充实空间的作用，又在视觉上加深了空间的层次感，起到了强化空间、突出重点的作用。

3. 利用家具、屏风和隔断等分割和组织室内空间

局部分割可以把大空间划分成若干小空间，使空间更加通透、连贯。家具是室内的主要陈设物，和我们的生活、工作息息相关，也就是说只要有人生活的环境就有家具的存在。家具除了本身的使用功能外，还具备艺术性和观赏性。在室内设计中常常用家具作为隔断来创造和分割出新的空间，形成新的空间形式，以此来满足人们对不同空间的需求。家具不仅能分割空间还能组织空间，在室内陈设中对整个室内空间造型具有决定性的作用，是构成室内空间艺术效果的重要组成部分[①]。例如，图 6-1 是南京师范大学敬文图书馆机房空间再造后的样子，利用家具、屏风和隔断等分割和组织室内空间，将原来单调的机房改造成影视体验区、活动区、信息共享区、休闲阅读区等来满足读者对

---

① 秦亚平. 室内空间艺术设计[M]. 合肥：安徽美术出版社，2012：51.

不同空间的需求。

图6-1　南京师范大学敬文图书馆

(三)装修构造和设备安装

随着现代科学技术的发展,传统的装饰材料空间布局已经不能满足读者的需要。很多的公共空间装修都采用了新型材料,这同时也带动了建筑材料行业的发展。设备安装方面也有了新的施工手段,设计师可以利用新的科学技术手段及材料工艺实现对图书馆室内空间再造的构想、创造,如顶棚吊顶、地面铺装、墙面涂裱镶贴等。

## 第二节　图书馆室内空间再造设计的目的

### 一、满足读者需求

高校图书馆室内空间规划要与读者的活动需求相适应,既要有相互独立和相互联系的各种功能空间,又要有宽敞和流畅的走廊。其室内空间规划的主要目的是使室内空间组织得更加有序、更加合理、更加实用、更加有品位,并力求从更高的层面上体现尊重读者,满足读者在室内空间中的各种需求,如生理、心理、环境、社会等需求。也就是说,优秀的室内空间设计既是设计空间又是设计生活。

## (一)生理需求

图书馆建筑最基本的功能,是为读者提供一个可以学习和研究的场所。过去读者对图书馆空间的需求为大开间、大进深、全开放式的空间组合,这些只是要求数量上的满足。而今天读者对空间的需求,除了要求数量的满足之外,更加注重“质”量的满足,读者希望图书馆的学习和研究环境更加舒适。

## (二)心理需求

读者对于空间环境的感知和心理需求,不单单是视觉的满足,形与色的悦目效果虽然是人们追求的目标,但不是唯一的目的。今天人们往往把环境设计的精力放在形与色的组合上,而忽视了其他方面的因素,例如听觉、触觉、嗅觉等。从更深的空间意义上来说,读者追求的是舒适、赏心悦目、与人共享的学习空间。例如,在我们的日常生活中,冬天把被子晒晒,晚上盖着白天晒过太阳的暖被子,就会感觉很温暖。虽然这些效果并不像视觉效果那般突出,但它给我们带来的心理感受比视觉上的满足更重要。

## (三)环境需求

在环境心理学中,心理需求会因读者对空间的感受不同而有所差别。设计师在从事设计时,往往会在设计中表现出强烈的个人风格,而忽略空间环境的有机使用和读者的不同感受。读者的心理与环境有着密切的联系,而且影响环境的因素是多方面的,也是复杂多变的,这就要求设计者应从读者的生活环境、行为和意愿等角度来思考有关图书馆的空间环境设计问题。例如,图6-2是华南师范大学石牌校区图书馆的学习空间再造后的样子。一楼知识共享空间的再造是图书馆为了满足读者个性化的服务环境心理需求而设计改造的。读者可以在里面自主学习、小组研讨、独立研究、学术交流。学习空间内设有封闭式研修间、研讨间,开放式研讨桌与休闲座位等。

图6-2　华南师范大学石牌校区图书馆

(四)社会需求

随着科技和社会的发展,物质环境对人类行为的影响是巨大的,并且不断地影响着整个社会环境。室内设计作为人类生活不可缺少的物质和精神需要,也是社会环境的重要组成部分。如何使设计的环境有利于我们的生活,不仅需要考虑到社会需求,还要考虑到环境需求。如果高校图书馆向社会开放,发挥服务社会的功能,那么高校图书馆的服务对象就不再是特定的读者群体。因此,高校图书馆就要为所有读者提供信息获取的通道和方式,从而使图书馆最优化地配置和利用文献及其他信息资源。

## 二、提升空间环境

室内空间再造设计离不开建筑物本身,它是对建筑空间设计的延续与扩展,也是一项空间再创造、再美化的活动。室内空间再造的目的是让读者的学习空间进一步舒适、学习氛围进一步安静、互联网访问更加快速、学习资源的获取更加便利。现代读者的一个重要特点就是倾向利用现代技术和数字化内容。因此,图书馆在室内空间再造时要全面调研和了解现代读者在图书馆学习的习惯、需求和特点,从而能够有针对性地为读者提供如信息空间、学习空间等。结合技术、服务和氛围，创造出可协作的、舒适的、动态的空间环境。对图书馆内的结构和布局进行全面调整，不仅能使未来的图书馆变得美观大方、舒适易用，还能使其休闲、学习和信息共享功能得到加强，为“藏、借、阅”一体化的现代图书馆服务模式创造良好条件。

另外，通过在功能空间和馆藏空间之间寻找平衡点以及创新再造设计图书馆空间，不仅可以极大地满足读者对不同类型空间的需求，还能够使图书馆成为促进读者学习交流、提供优质馆员服务的理想场所，满足读者的多样化、多层次、全方位的需求[①]。

## 第三节　图书馆室内空间优化和再造方案及评估

### 一、空间布局优化

（1）多元化的空间组合：通过不同区域的组合，提供多元化的空间，如安静的阅读区、轻松的娱乐区、社交协作区等，以满足不同读者的需求。

（2）空间模块化设计：通过空间的模块化设计和可移动的家具，增加空间的可变性和灵活性，以满足不同读者的需求。

（3）科技感的空间设计：通过多媒体展示、数字投影等科技设施的应用，增加空间的科技感和创意性，提高读者的服务体验。

### 二、设施设备升级

为提高服务质量，建议对图书馆的设施设备进行升级，包括以下几点：

---

① 戴洪霞.当前高校图书馆读者空间的规划设计[J].图书馆学研究，2007(10)：61-65.

（1）智能化设备的应用：在馆中设置智能自助借还机、智能查询终端、智能预约系统等，提高服务效率，提升读者体验。

（2）多媒体资源共享：在馆中设立数字资源共享平台、多媒体展示设施等，为读者提供更丰富、更多元化的资源和服务。

（3）创新的设施设计：在馆中配备适配读者身体情况的座椅、多功能桌椅、现代化的灯光和装饰等，提高读者的舒适度和体验感。

## 三、服务创新

为满足读者的多样化需求，建议在服务模式上进行创新，如：

（1）多样化的服务模式：增加数字阅读服务、多媒体资源共享服务等，以满足不同读者的需求。

（2）个性化的定制服务：通过读者画像和智能推荐等技术手段提供更加个性化的定制服务，提高读者的满意度和体验感。

（3）社交和协作空间的提供：为读者提供社交和协作空间，如研究小组、创新实验室等，方便读者的学习和交流。

（4）科技化服务的提供：利用现代科技手段，如虚拟现实、增强现实等技术，为读者提供更丰富、更便捷的服务体验。

## 四、评估与改进

根据上述方案，我们将图书馆的室内空间进行了优化和再造，包括空间布局改造、设施设备升级、服务模式创新等多方面，具体包括：

（1）空间布局优化：对图书馆的空间进行重新规划和改造，在原有空间的基础上增加了社交协作区、娱乐区等。同时，采用了可拆卸可移动的家具和多媒体设施，使空间更加灵活多变。

（2）设施设备升级：对图书馆的设施设备进行了升级，增加了智能化设备，如自助借还机、智能预约系统等。同时，增加了数字阅读、多媒体资源共享等设施，以优化读者体验。

(3)服务模式创新:对图书馆的服务模式进行创新和改进,增加数字阅读服务、个性化定制服务等多种服务,提高读者满意度。

为了评估再造方案的效果和改进空间,我们进行了读者满意度调查和实地观察。通过调查,我们发现大多数读者对图书馆的室内空间改进方案表示满意,认为改进后空间种类更加丰富,设施设备更加智能化和便利化,服务更加个性化。同时,我们也发现了一些需要改进的地方,如:

(1)空间利用率不高:部分区域的利用率不高,有待进一步改进。

(2)设备运行不稳定:有些智能设备的运行不稳定,需要及时维护和更新。

(3)定制服务质量有待提高:虽然已经提供了个性化的定制服务,但是服务质量需要进一步提高。

以上问题需要我们在后续的维护和改进中解决。

本节研究了图书馆室内空间再造的问题,通过读者需求调研和市场分析,提出了空间布局优化、设施设备升级和服务模式创新等方案。通过实际实施效果的评估发现,改进方案能够提高读者的满意度和体验感,但也存在一些需要改进的地方。因此,我们需要不断完善图书馆的室内空间布局,创新服务模式,以满足不断变化的读者需求和社会需求。

# 第七章　图书馆服务环境设计及案例研究

随着现代社会的迅速发展,图书馆为满足社会需求,除了需要具备丰富的文献信息资源和素质优良的馆员外,服务环境的营造也是一个极为重要的方面。近几年,有不少成功的案例,从馆舍的规划、设计到日常运作,这些图书馆都非常重视服务环境的营造。我们要科学认识和把握服务环境的设计和管理,使服务环境建设达到社会期望,满足读者要求。

## 第一节　图书馆服务环境人性化设计的原则与思路

图书馆服务环境设计必须坚持一定的指导思想、设计标准和设计方法。在设计过程中,不仅要考虑读者服务的前台环境,还要考虑读者服务的后台环境。

人性化指的是在设计时要考虑人的因素,根据人的行为、心理特点来进行设计,满足他们的需求。人是创造环境的主体,也是改造环境的源泉,空间环境设计的中心和目的都是为了人。人也是环境的主体,环境中有了人,就会或多或少地被人性化,从而具有人文精神。其构成要素包含空间构成、自然环境、人文素质、活动方式及文化特质等。环境的质量取决于各要素本身的性质及各方面要素的协调度,这些要素相互联系、相互制约,设计师的任务就是将其最终以物化的形式组织起来。当然,人性化的图书馆服务环境并不是因情废物,而是为了更好地为读者服务[①]。

## 一、设计原则

### （一）功能性原则

图书馆服务环境通常是为了实现读者的特定目的，满足读者的某种需求而存在的。因此，在图书馆服务环境的规划与设计中，不仅要注重环境自身功能的充分体现，还要考虑环境如何影响并服务于空间功能，使其发挥最大效用。同时，也要考虑装饰功能和实用功能的有机统一。

### （二）人性化原则

图书馆服务环境要符合人性的三大需求：审美需求、自然生理需求和心理需求。这里的“人”，既指到图书馆来寻求服务的读者，也包括从事读者服务和支持读者服务的馆员。良好的服务环境可以提升读者的思想境界，调节读者的心理活动，增添读者的视觉美感，满足读者的情感需求。因此，在图书馆服务环境的规划与设计中，一定要将读者的审美需求、自然生理需求以及心理需求结合起来，并且要关心弱势群体，为读者营造一个人性化的服务空间。

### （三）灵活性原则

读者是图书馆服务的主体，其服务需求总是会不断变化，其心理期盼也处于一种活跃状态。因此，在图书馆服务环境的规划与设计中，要尽可能增加一些灵活的因素，如环境绿化、移动式家具、结构化综合布线技术、各种可移动装饰品等，以适应读者不断变化的需求，降低今后改造的成本。

---

① 郑锐锋.大学校园空间的人性化设计研究[D].杭州：浙江大学，2008：2.

### (四)协调性原则

图书馆服务环境带给读者的美感主要有图书馆建筑的形式美、空间环境的和谐美、秩序井然的节奏美等,其中空间环境的和谐美主要是指馆藏文献、服务设施、装饰装修等协调有序,给读者一种赏心悦目的体验。因此,在图书馆服务环境的规划与设计中,一定要将图书馆整体服务环境进行综合规划设计,使其形式协调、整体和谐。

### (五)生态化原则

随着社会现代化程度的提高以及生活节奏的加快,对大自然的接近和渴望已成为现代人的一种强烈要求。因此,在图书馆服务环境的规划与设计中,设计师在考虑环保、节能的同时,还应引进自然景观,精心布置馆内绿化,让读者在和自然交流的过程中,缓解眼睛和大脑的疲劳,放松身心,从而提高阅读和学习效率。

### (六)可持续发展原则

在图书馆服务环境规划与设计中,我们要坚持"以人为本,读者第一"的设计理念,"以人为本"就是一切服务以人为出发点去规划设计,实实在在地为读者考虑、为读者服务。在图书馆的设计中,总体布局、建筑造型、空间环境设计、家具布置、细节处理、设备安装,都应该首先考虑读者,读者才是图书馆的使用主体。同时还需要不断创新,任何事物只有不断创新,才能有旺盛的生命力,才能可持续发展。

## 二、设计思路

图书馆内环境设计应该达到布局合理紧凑、家具排列有序、色彩柔和舒适、光照良好、空气清新、温度适宜、绿化丰富的理想效果,其具体思路如下。

## （一）空间布局合理

图书馆的空间布局一定要按照读者、馆员、藏书的活动路线进行合理的布置安排，才能最大限度地发挥图书馆的功能。在设计布局时，应按楼层从下到上、人流从多到少的金字塔式走向进行布局，即将人流量较大的功能区放在较低楼层，人流量较小的功能区放在较高楼层。可将培训展览区、少儿区、残障人士区放置低层，便于人员的分流并减少对其他读者的干扰。少儿区应与普通读者区保持一定的距离，同时注意隔音处理；残障人士区应配置相关的无障碍设施。与此同时，普通读者区应将图书、计算机、视听等元素适当地融合布置；读者休闲区可以安排一些比较舒适的沙发、消遣性的报纸等；文献储藏区应注意“藏、阅、查、检”合一；行政工作区一般安排在顶层或底层，既要方便馆员内部管理与联系，又要方便馆员对读者和来宾进行接待；业务工作区的采编部一般设置在图书馆的低层，流水线的起始部分朝向入口，便于新书搬运，流水线的末端朝向文献储藏区，便于文献传送[①]。

## （二）家具美观统一

图书馆在选购家具时，一定要注意家具的造型、风格、色彩、组合与建筑及室内装饰的和谐统一，同时要遵循功能实用性、规格标准性、成本经济性、使用舒适性以及环保性等原则。图书馆要满足文献电子化和信息网络化的要求，量身定做能满足特殊功能需求的专业家具，如光盘柜、视听桌等；要遵循人体工程学原理，尽量使桌椅的规格、曲线达到最佳设计，减轻读者阅读时的疲劳感；要确保家具用材与油漆涂饰的环保与安全，将不安全因素降到最低；图书馆专用家具要符合《图书馆建筑设计规范》的相关要求。

---

① 蔡冰.城市图书馆新馆建设概述[J].图书馆建设，2007(1)：6-10.

（三）装饰自然清新

图书馆内整体装饰装修风格通常以简洁、明快、安静、大方、自然为主基调。一般情况下，在不同的区域利用不同的壁画及各种流派的文字、图案等活化区域主题，体现艺术活力的同时，还可以在不同的地点和空间采用不同的绿化进行装饰。如在人群出入频繁的大厅，应放置一些橡皮树、散尾葵这样的大盆景，显得大厅高雅气派；在宁静的阅览室放置一些文竹、青宝石这样的叶片植物，使阅览室多一分幽静；在书架林立、相对拥挤的书库里，点缀几盆小盆景，给书库增添活力。此外，图书馆的导视系统应该清晰，一般遵循由远及近、从外到内、从宏观到微观等原则进行装饰布局。导视系统的设计不仅要求简洁、明了、醒目、美观，还要求融入文化要素，突出图书馆的文化特色和景观效果。导视系统制作时一定要保质保量，要确定制作材料的品种、规格以及制作工艺，制作完成之后，应该把胶片保存好，以便日后再行制作。安装时，要达到坚固、结实、不脱落的效果。

（四）实体环境条件优良

图书馆内尽量利用天然采光，采光要求达到《图书馆建筑设计规范》与《建筑采光设计标准》中的标准。天然采光部位应配备遮阳设施。天然采光不足时，应辅以人工照明。人工照明需设计足够的环保灯具，保证光照度。图书馆内应以自然通风为主，即使安装空调，也要留有足够的换气窗。卫生间、复印室等容易产生异味或空气污染严重的区域，应安装强制通风设备。图书馆内冬季温度应为18℃～20℃，湿度为50%～55%；夏季温度24℃～28℃，湿度为55%～60%。如不能满足要求，应采用相应的设备进行增减温、湿度处理。图书馆研究室、专业阅览室、普通阅览室的噪声应控制在40分贝以下，少年儿童阅览室、目录厅的噪声应控制在50分贝以下，展览厅、读者休息区以及其他公共活动区域的噪声应控制在55分贝以下。环境心理学家认为,个人对于环境的行为反应分为趋近和规避。趋近行为表现为愿意造访某个地方,喜欢在某个地方停留、游历、探索、学习或者加入其中,规避行为则正好相反。为此,图书馆应该营造出良好的服务环境,吸引读者趋近,从而提高图书馆的利用效能。

## 第二节 高校图书馆环境设计研究

随着人们生活水平的不断提高以及科学技术的日益发展,环境的美化在人们的生活中变得越来越重要,特别是作为高等院校的文献信息中心,为教学、科研服务的学术性机构——高等院校图书馆。它的设计不仅要满足其功能要求,还要注重馆内外的环境艺术设计,为读者营造一个良好的学习环境,设计出一个宁静、优美、舒适的现代化图书馆。这既是读者和工作人员的需要,也是现代化图书馆必备的条件。

图书馆环境由馆内环境和馆外环境组成,它们之间是一种相辅相成的关系,处于同等重要的地位。图书馆内部环境的构成元素主要包括布局、绿化和人文等。图书馆的外部环境主要是指图书馆所属区域和周边环境,包括图书馆所处的地理位置以及周边相应的园林布置、绿化和雕塑等。

### 一、高校图书馆外部环境设计

读者第一次来到图书馆时,首先看到的是整个图书馆的建筑造型和它所处的地理环境,这就要求其建筑造型既要具有独特的艺术魅力又要具有时代特征,整体风格应简洁、流畅、庄严、大方,整体色调也要高雅、明快,且应与周边环境和谐统一。图书馆作为一种校园文化的象征,馆址应该选择学校较明显的位置。图书馆建筑不是孤立的,它与周围环境有着不可分割的联系,互相衬托、和谐交融。馆舍周围应该结合自然条件设置绿地、花坛、喷池、广场、河湖、雕塑以及相配套的其他设施，尽可能做到无污染、无噪声，为读者营造一个优美、舒适、健康的阅览环境。

## 二、高校图书馆内部环境设计

馆内环境包括布局、绿化、人文等，图书馆内部环境设计的好坏直接影响到读者的阅读体验。幽雅、宁静、舒适、赏心悦目的环境有利于调动读者的阅读情绪。图书馆应该努力为读者创造一个功能与审美兼具的内部阅读环境，让图书馆成为读者心目中不可取代的形象，充分体现高校图书馆“以人为本，读者第一”的设计宗旨。

### （一）图书馆的布局设计

所谓空间布局合理，就是给读者明确的指引，使读者不需要询问，便可清晰地知道自己怎样可以到达想去的地方。我国大多数图书馆通过入口处的指示牌或是专职人员的服务来为读者引导，还有在大厅布置图书馆的布局图、读者须知、触摸式检索机等引导读者的，使读者更方便快捷地使用图书馆。

1. 图书馆的区域、功能标识

在图书馆大厅内应该设置图书馆咨询台、总平面图、楼层分布图（各类办公区、读者服务区、学生自修室和各楼层卫生间等）、方位指示标识（进口、出口、安全通道等各类指示标识）等。设置这些区域标识以后，读者进入图书馆时不会有陌生或者茫然的感觉。这些标识就像隐形的向导指引着你找到自己所需要的资料。

2. 图书的分类标识

分类标识是为了方便读者能直观、独立地完成检索和借阅而设立的标识，同时也是工作人员分类排架的向导。按《中国图书馆分类法》基本大类排列图书、标注书架，不仅可以对工作人员起到导航作用，还可以对读者查找书籍起到指导作用。

### (二)图书馆的绿化设计

#### 1.正门、大厅植物装饰设计

植物装饰设计要根据图书馆总体环境效果来确定植物种类,正门、大厅处光线比室外明显变暗。因此,应选择耐阴植物如铁树、棕竹、旱伞、琴叶榕、龙血树、美丽针葵等;或花色明度高的暖色植物,如雏菊、一串红、报春花、羽衣甘蓝、大丽花、金鱼草等中小型盆花,这些植物给人以热烈的感觉,形成热烈、庄重而又富有生机的风格。同时也要注意植物的色彩与室内墙面颜色的对比,如浅色的墙面应选择常绿、深色的植物,而深色的墙面应选择浅色植物。入口植物装饰的色彩处理得当,便会给人留下深刻的印象。

#### 2.走廊和楼梯拐角处的植物装饰设计

人们在走廊和楼梯拐角处停留驻足的时间少,因此一般采用少量的盆栽或盆景加以点缀来营造一定的气氛。走廊的植物装饰,要特别注意不可妨碍读者通行和环境通风。较宽的走廊,可分段放置一些观花或观叶植物,如橡皮树、绿萝、龟背竹、龙血树、棕竹、巴西木等,绿色叶片和彩斑叶片互相映衬,构成景致各异而又富有自然气息的生物角。

#### 3.书库和阅览室植物装饰设计

现代图书馆书库和阅览室功能日益趋近,并向藏借阅一体化方向发展,植物装饰应以雅为主,做到雅中求静,可在窗台、角落、走道处摆放绿色盆栽,消除室内空间的生硬感。书架和桌椅刻板的形体、单调的颜色和书刊卷帙浩繁的静态,都可以通过植物恰如其分地装饰得到有效改善。适宜的室内植物装饰,不仅可以使静谧的空间充满活力,还可以调节气氛。室内装饰选用的植物,应体态轻盈、文雅娴静,如观叶植物宜用吊金钱、文竹、万年青、蕨类等;观花植物宜用偏冷色的梅花、菊花、水仙等，从而形成静穆、安宁的气氛，创造良好的环境[①]。

大自然赋予的绿色，永远是室内最美的装饰，绿化不但能美化环境、衬托建筑物、增加艺术效果，而且能净化空气、吸收二氧化碳、防止污染、陶冶心情、帮助读者消除疲劳、降低室内空气中有毒气体的浓度、过滤噪声、减少辐射。将绿色植物引入图书馆，已成为现今图书馆室内环境设计中不可忽视的要点。用绿色植物装饰图书馆，能给人以美的享受，使人在长时间的工作和学习中获得放松和调节。

### （三）保持良好的室内通风和照明

空气质量低容易使读者产生烦躁、消极的情绪。开窗自然通风或采用排气扇送风换气，都是保持空气清新的有效方法。空气清新有利于读者长时间地保持良好的精神状态，减少读者的不良情绪。

新鲜洁净的空气是维持生命的基本要素，有助于保证人的大脑供氧，从而保持旺盛的精神状态，随着图书馆现代设施的运用，电子通信、计算机等信息设备及日光灯发出的紫外线辐射，以及书库书刊长时间积蓄灰尘而产生的对人体有害的气体，再加上阅览室等处人员相对密集，开馆时间长，导致空气污染严重，加强通风就显得尤为重要[②]。鉴于此，图书馆要经常开窗通风换气，馆内的地面、桌椅要经常进行消毒和清洁。

另外，馆中还要有良好的照明，保证室内光线充足，提高读者的舒适度。一般来说，图书馆的照明灯具宜选用荧光灯管，因为它的光谱与日光较为接近，光线柔和均匀。最好采用嵌入式或吸顶式灯具，这样所形成的光线就会分布均匀，让人视觉舒适。图书馆要尽可能地选择自然光，因为自然光的光质好、光线均匀、照度大，还可以节约能源。但是自然光不能过于强烈，因为在强烈的光线下看书很容易产生视觉疲劳，同

① 韦劲，廖集光.现代图书馆室内植物装饰初探[J].山东图书馆季刊，2000(2)：52-54.

② 刘卫萍.论图书馆室内设计理念[J].图书馆学研究，2006(3)：91-93.

时也会对眼睛造成伤害，所以我们应该安装薄一点的冷色窗帘，让读者有一个光照适宜的工作和学习环境[①]。很显然，舒适的环境可以对读者的生理和心理起到一定的积极影响并提升读者的心理机能，激发读者的阅读情趣，诱发读者的创造思维，提高读者的阅读质量。

### （四）人文环境设计

图书馆的人文环境主要表现为图书馆馆员的内在素质和外在表现这两个方面。图书馆馆员的内在素质主要表现在知识结构、业务能力和服务意识等方面，这决定着图书馆的服务水平和科学管理水平。在科技高速发展的今天，高等院校图书馆自动化已达到了较高的水平，正在向数字图书馆转变，图书馆馆员承担的工作不只是看守阅览室、借还书刊，还要向读者提供信息咨询、科技查新、网络导航等服务，这就需要图书馆馆员具有较高的知识水平，较强的业务能力，还要有为读者服务的工作宗旨。作为一名图书馆工作人员，应该用自己热诚的态度、优质的服务去温暖读者的心，去满足读者对知识的追求。

馆员的外在表现主要是馆员形象。馆员的形象体现在很多方面，首先要微笑服务。笑可以给人温暖，使读者产生“到馆如到家”的感觉。如果馆员老是板着一张脸，定会让人望而生畏，难以亲近。其次，着装要统一。如果馆员没有统一的制服，也要保持着装的整洁得体，不可过于随意，以免给读者留下不好的印象。最后，举止要得体。馆员不能一边为读者服务一边与他人谈话，这是不礼貌的。必须集中精力为读者服务，和读者说话时语气要温和，使用文明用语，不使用服务忌语[②]。这种温馨的阅览环境，能使读者心情愉悦，从而精力充沛，提高学习效率。

---

① 刘向荣.浅谈高校图书馆环境设计与读者的关系[J].科技情报开发与经济，2008(16):56-57.

② 韦柳燕，陈岚.浅论图书馆环境的人性化设计[J]，中国市场，2007(52):198-199.

### 三、高校图书馆环境设计的目的

高等院校图书馆环境设计应体现“以人为本，读者第一”的设计目的。“以人为本”就是图书馆的一切服务要以人为出发点去规划设计，实实在在地为读者考虑、为读者服务。在图书馆的设计中，无论是总体布局、建筑造型、空间环境设计、家具布置、设备安装，还是细节处理，首先应该考虑读者。读者是图书馆的使用主体，而现在的读者大都追求自由和舒适，为了满足他们的这种需求，就要做到让读者可以拿着书在图书馆的任何一个地方、以任何一种方式阅读。如果累了，还有可以休息的地方。如果没有了读者，高校图书馆也就没有了存在的必要，这就要求高校图书馆要更多地考虑师生的具体需要，让他们能够积极地使用图书馆，并为图书馆的发展献言献策。

总之，影响图书馆环境设计的因素包括许多方面，我们应该深入细致、全面周到地去思考和处理图书馆环境设计中各个方面存在的问题，运用各种物质、技术及艺术手段，创造出功能完善、优美舒适的现代化图书馆，使图书馆的内外环境达到协调统一，为读者创造一个美好的学习环境。

## 第三节　高校图书馆创客空间环境设计研究

在“双创”背景和国家政策的扶持下，创客空间服务是高校图书馆服务模式转型的新形式，加强建设意义深远。本节从人性化的角度出发，通过实际调研、案例分析，针对目前国内高校图书馆创客空间建设过程中遇到的各种问题进行系统的分析、总结、归纳，并提出对应的解决策略，以期为国内高校图书馆创客空间环境建设具体实践起到一定的借鉴作用。

## 一、创客空间概念

创客是指努力把各种创意转变为现实的人，创客们在一起沟通讨论展开合作时需要一个实体空间，这个空间被称为“创客空间”，该空间是一种集创意、实践、交流于一体的非正式物理空间。“创客空间”能为拥有共同兴趣和爱好的人们提供一个场所，人们在这里可以自由创造、分享创意、共享知识、交流经验、共享想法、展开合作。创客空间可分为借助实体环境空间为活动场所的物理空间和为创客用户提供线上活动平台的虚拟空间。本节主要针对物理空间进行分析研究。室内空间是室内设计的基本要素之一，它是由地面、墙面、顶面围合限定的环境。室内空间与我们的生活、学习、工作等行为有着不可分割的关系，不同的空间形式限定着我们的行为活动。例如，在面积相同的工作空间中，由于装修设计风格、装修材料和装饰材质的不同，人们的心理感受、行为、工作方式也会受到不同程度的影响。所以我们要充分了解空间的实际使用状态，充分捕捉工作、学习行为对空间的影响，不只要设计空间，更重要的是设计生活，只有满足空间用户的生理、心理、环境、社会等各方面的需求，才能建设出适合空间用户的服务环境。

## 二、高校图书馆创客空间环境建设现状与问题分析

### （一）高校图书馆创客空间环境建设的现状

目前，创客浪潮已席卷全球，国内外图书馆愈发重视创客空间，条件优越的图书馆先后创建了创客空间，服务内容日趋完善，经费来源也日益多样化。大学生是推进“双创”的主力军，高校图书馆具备资源、空间等优势，是支持大学生开展“双创”的重要据点。同时，国家非常重视高校对大学生进行“双创型”人才培养，出台了相关的支持政策，为图书馆建设创客空间和空间再造提供了契机。

高校作为培养创新创业型人才的教育机构，应该为学生提供一个可以学习、交流、实践的活动场所，以便他们进行创新、创业和发明。高校理应承担起提高学生创业精神、创造能力的责任并将创新创业教育纳入人才培养计划之中[①]。创客空间服务是高校图书馆服务模式转型的新形式，加强建设意义深远。高校图书馆应根据学校办学定位、学科建设与发展战略制定具体的创客空间环境建设方案。如果学校具备一定条件，新建一座图书馆并将其中几层作为创客空间是最好的解决方法，但大多数高校因为各种原因难以实现，基本上都是对现有图书馆建筑和图书馆空间进行扩建、改造，重新规划图书馆室内空间布局。创客空间环境要比图书馆其他空间环境嘈杂，应放在低楼层或者负一层。选择空间相对较大、易于空间再造和重新设计组合、对整体环境不产生影响的区域作为改造对象，为创客用户创造一个优质的以创客用户为中心的图书馆空间服务环境。

创客用户对空间和环境的服务需求随着图书馆创客空间建设的深入发展日益增多，服务需求的主要特点是呈现出个性化和多元化。然而，经调研发现，图书馆创客空间为创客提供的服务与其真正的人性化需求往往存在差距，图书馆创客空间再造与设计没有得到重视。国内外相关理论与实践研究也比较匮乏，缺少相关理论的引导和支撑，这是我国部分高校图书馆创客空间发展滞后的原因之一。目前，高校图书馆创客空间建设相对公共图书馆的创客空间建设发展迟缓，公共图书馆围绕着创客空间建构方面进行的研究相比国外发达国家也相对落后。高校图书馆创客空间建设还未被真正重视起来，大多数创客空间只能满足基本需求，不能为创客用户提供优质的空间服务环境。

① 岳瑞，孟利明. 基于互联网+创新创业大赛视角下新疆高校大学生创业项目探索：以新疆某高校为例[J]. 智库时代，2019(4)：138-139.

## （二）高校图书馆创客空间环境建设存在的问题

### 1.高校图书馆空间再造与创客空间建设发展迟缓

目前，部分高校管理层对创客空间内涵、特点和运行模式的理解不够充分，需要进一步深化；对创客空间在高校图书馆发展中的角色扮演、重要意义及其积极作用的认识也不够深刻，需要进一步明确。图书馆管理层认为创客空间建设是相关院系以及就业部门的事情，和图书馆没有多大关联，在思想上没有给予足够的重视。图书馆创客空间环境建设面临发展滞缓、服务质量良莠不齐的问题，有的高校甚至没有建设创客空间，更谈不上空间环境设计了。

### 2.缺乏专项经费、政策扶持

资金充裕和学校管理层的支持是高校图书馆创客空间服务能够持续运营下去的前提，只有提供足够的专项经费支持，高校图书馆创客空间才能发展和运营得更好。具体经费不仅包含物理空间改造费（目前不少高校图书馆由于建造时间过早导致空间功能布局不合理需要空间再造）、工具设备采购费以及日常运作费，还包含创客空间所需的高科技数字化设备和动力设备，如3D打印机、切割机等，以及一些方便师生交流、学习和沟通的软件，如模拟平台软件、计算机应用设计软件等。然而，学校图书馆经费一般来说都是有限的，学校缺乏专项经费来扶持图书馆创客空间建设，图书馆也无力独自承担所需的专项经费。

### 3.社会合作有待加强

目前已开展创客空间建设的大多数高校经费都是学校下拨的，来源比较单一，基本都是“关起门来建设”，只能满足本校师生的基本需求，很少考虑到社会的需求。高校没有充分借助社会力量，让社会力量参与进来共同建设创客空间，设计再造适宜的创客空间环境。

### 4.与中小学创客教育合作力度不够

随着时代的发展，素质教育受到高度重视，培育“三维创新设计”

的3D创新教育被作为一种全新的教学策略与基础教育进行结合，为推动教育改革助力，也为学生个性化的发展提供了一个重要的途径。高校应加大与中小学创客教育合作力度，以便更好地促进学生综合素质的提升。

5.人性化服务欠缺

目前高校图书馆创客空间服务主要研究对象为高校师生、创业大众，缺乏对少年儿童、老年人和残疾人等特殊群体的环境空间需求研究。图书馆创客空间建设过程中没有充分考虑不同读者的需求，没有为特殊群体布置适合他们的舒适服务环境，这样就不能最大限度地激发读者创新创造的潜在能力和价值。有些高校没有为残疾人提供便于通行的无障碍设施和室内服务环境，不能充分体现“以人为本”这个室内设计初衷。

6.馆员综合素质有待提高

我国高校图书馆创客空间建设尚处于探索阶段，理论指导和实践经验都比较匮乏，在建设创客空间的过程中难免会出现一些问题，如读者服务需求和馆员的知识结构不对称、馆员缺乏专业技术技能、馆员对创客空间设备的运行原理和基本操作不够熟悉、馆员空间服务质量与水平较低、馆员专业培训氛围不足以及具体职能定位不明确等[①]。

### （三）高校图书馆创客空间环境建设的对策

1.馆领导与学校管理层积极沟通

图书馆通过调查、学习、研究，深入探讨适合高校创客空间及其空间环境设计的方案，给出以创客为中心的图书馆创客空间服务环境设计报告，为高校管理层和规划部门提供参考。馆领导应深入探讨图书馆在科技创新、学科建设中的作用，使得高校管理层能根据学校学科建

① 寇垠，刘杰磊，韦雨才.图书馆创客空间理论在中国的实践研究：基于文献分析视角[J].兰州大学学报（社会科学版），2018(3)：59-69.

设方向来建构创客空间，提供资金支持，建设一个合理、舒适的图书馆创客空间服务环境。

2.政策扶持、提供专项建设经费

目前高校图书馆馆舍存在两种情况，一种是历史原因，有很多图书馆部分馆舍或者现有馆舍都是过去遗留下来的，跟社会发展、读者需求不适配，这样就需要空间设计再造出适合时代需求的新型图书馆。另一种就是高校建立新校区，新区图书馆馆舍条件良好且馆舍面积较为充裕，为创客空间环境建设提供了很好的空间基础和条件。因此，高校可对新区图书馆空间进行统筹规划，预留出创客空间建设需要的场地。图书馆在构建物理空间时，需要根据图书馆自身空间条件进行空间布局及功能设定，对图书馆物理空间进行合理的调整和设计，这些都需要学校提供专项经费支持。

3.加强社会合作

高校图书馆创客空间在高校下拨资金不足的情况下，最好的解决措施就是加强社会合作，借助社会力量来增加统筹资金的途径，通过直接资助、实物捐赠等方式共同建设创客空间，为创客空间建设吸纳更多的资金，设计再造出适宜的创客空间服务环境。例如，三迪时空智能科技发展有限公司与青岛理工大学共建琴梦创客空间、山东大学与中科招商集团达成合作共建创客空间[①]。

4.加强与中小学创客教育合作，共建创客课程

高校图书馆应加强与中小学合作，为中小学创客教育提供专业技术指导和教育活动实践场地。营造适合中小学学生心理和生理需求的温馨创客空间环境，利用拓展性课程和各种科技活动，开展丰富多彩的创客教育活动，共同设计符合中小学阶段特色的创客课程，并融入教学活动中。同时，可以委派创客老师到中小学授课，给中小学创客教育提供专业技术支持，通过合作有效降低中小学独立建设创客空间的运行

① 宋敏.高校图书馆“创客空间”的构建研究[J].图书馆学刊，2016(2):47-50.

成本，帮助中小学创客教育更好地开展。例如，为青少年创客提供展示作品和交流的平台，为创客教育营造浓厚的文化氛围，提高学生的综合素养和创新能力，为国家培养创新型人才奠定良好的基础。

5. 提供人性化服务

图书馆首先要对读者进行需求调查，分析、统计读者的需求，明确服务的内容，以读者兴趣和需求为导向，提供适合读者需求的舒适、健康、积极的工作和学习环境。随着“双创”时代的到来，国家高度重视创客空间，给各高校提供了政策支持，同时为建立满足特殊人群创客需求的创客空间提供了保障。

6. 全面提升馆员综合素养

图书馆在建立创客空间后，如果馆员不懂新型设备的运行原理和基本操作，创客空间将不能正常开展工作。但如果通过外请或者聘用专业技术人员进行设备的操作与维护，这样就增加了创客空间建设的运行成本。要想解决这个问题，最好方法就是对馆员进行专业培训，提升馆员的综合素质，丰富他们的知识结构，让馆员熟练掌握各种仪器、设备的工作原理和操作技能以及其维护、维修方法①。这样才能为创客空间项目的正常开展提供有力的保障，为将来图书馆的发展和转型做铺垫。

## 三、高校图书馆创客空间服务环境构建要素及其设计路径

随着高校图书馆创客空间建设逐步向纵深方向发展，读者对空间服务的需求也逐渐多元化、个性化。然而，图书馆创客空间再造与室内环境设计并未得到应有的重视，只能围绕满足读者基本需求进行建设，不能为创客用户提供优质的空间服务环境，相关理论与实践研究也不够深入。截至 2021 年 4 月 26 日，在 CNKI 中以“图书馆创客空间”为主题可以检索到相关文献 1006 篇；以“图书馆创客空间环境”为主题进行

① 梁荣贤. 创客空间：未来图书馆转型发展的新空间[J]. 情报探索，2016(12)：103-106.

二次检索，共搜索到相关文献82篇，占比8.15%；再以“图书馆创客空间环境设计”为主题进行三次检索，搜索到相关文献3篇，占比0.3%。其中，黄文彬[①]、程晓岚[②]等从空间组织构建或管理者的角度出发，探讨图书馆创客空间应当提供哪些服务、如何提供服务；王敏[③]、周晴怡[④]、乔峤[⑤]、刘宏[⑥]、杜文龙[⑦]等通过研究与剖析国外图书馆创客空间建设成功案例，再结合我国图书馆创客空间建设现状，分析总结出符合我国图书馆馆情的创客空间服务建设方案；吴瑾[⑧]、寇垠[⑨]等则关注创客空间服务能力建设要先提高团队建设水平，进而提升图书馆创客空间的服务效能；孙鹏[⑩]、储节旺[⑪]等主要围绕创客空间服务功能，探索高校图书馆的服务功能转型与服务创新，论述图书馆创客空间的功能定位，提出图书馆创客空间的发展策略；秦凯[⑫]、陈怡静[⑬]等研究表明，创客空间服务模

---

① 黄文彬，德德玛.图书馆创客空间的建设需要与服务定位[J].图书馆建设，2017(4)：4-9，20.

② 程晓岚，宁书斐.创新驱动的图书馆创客空间服务新业态[J].情报科学，2018(11)：35-41.

③ 王敏，徐宽.美国图书馆创客空间实践对我国的借鉴研究[J].图书情报工作，2013(12)：97-100.

④ 周晴怡.美国高校图书馆创客空间实践及启示研究[D].湘潭：湘潭大学，2016.

⑤ 乔峤.美国图书馆创客空间建设及其借鉴研究[D].武汉：华中师范大学，2016.

⑥ 刘宏.澳大利亚公共图书馆的创客空间研究及启示[J].图书馆学刊，2018(2)：139-142.

⑦ 杜文龙，谢珍，柴源.全民创新背景下社区图书馆创客空间建设研究：来自澳大利亚社区图书馆的启示[J].图书馆工作与研究，2017(9)：25-29.

⑧ 吴瑾.创客空间环境下高校图书馆员的作用与能力提升[J].图书情报工作，2018(2)：24-28.

⑨ 寇垠，任嘉浩.基于体验经济理论的图书馆创客空间服务提升路径研究[J].图书馆学研究，2018(19)：71-78.

⑩ 孙鹏，胡万德.高校图书馆创客空间核心功能及其服务建议[J].图书情报工作，2018(2)：18-23.

⑪ 储节旺，是沁.创新驱动背景下图书馆创客空间功能定位与发展策略研究[J].大学图书馆学报，2017(5)：15-23.

⑫ 秦凯，单思远.中国高校图书馆创客空间发展战略分析及服务模式构建[J].农业图书情报学刊，2017(4)：158-162.

⑬ 陈怡静.高校图书馆创客空间信息服务模式研究[D].哈尔滨：黑龙江大学，2018.

式的转变不仅能增强图书馆的核心竞争力，还有利于提高图书馆的整体服务水平。综上所述，目前我国高校图书馆创客空间研究大部分都是针对创客空间建设进行探究，虽有少数相关文献如马骏①、姚占雷②等对图书馆创客空间服务环境设计展开了研究，但由于所选角度不同，依旧缺乏创客空间室内环境设计具体方案，为创客空间室内环境设计研究留下空白。笔者对高校图书馆创客空间服务环境构建要素及其设计路径展开研究，以期对国内图书馆创客空间服务环境设计研究提出具有现实意义的建议。

### （一）高校图书馆创客空间服务环境设计概念及构建要素

#### 1. 高校图书馆创客空间服务环境设计概念

创客空间环境包括实体空间环境和虚拟空间环境两种。实体空间又被称为物理空间，而虚拟空间是指在互联网上进行交流、共享、线上预约等活动的平台。虚拟空间是物理空间的有效补充和扩展，构建好实体虚拟双空间是形成线上线下双沟通平台工作模式的有力保障。

图书馆创客空间服务环境设计是指对图书馆建筑内部空间按照不同的功能需求进行组织、规划、分割、装饰，并运用一定的技术和艺术手段创造出一个有利于创客用户工作和学习的空间环境。图书馆创客空间服务环境设计的目的在于在科技和社会发展的过程中通过对图书馆服务环境进行建设来满足创客用户在学习、生活等方面的需求，从而营造更好的学习、交流气氛，以提高读者学习兴趣和创新效率。

#### 2. 高校图书馆创客空间服务环境设计构建要素

高校图书馆创客空间服务环境设计构建要素主要有以下七个方面：功能、空间、界面、材料、光、色彩、装饰配件等，如图 7-1 所示。

---

① 马骏. 图书馆创客空间环境设计研究[J]. 图书馆工作与研究，2016（10）：116-121.

② 姚占雷，兰昕蕾，吴翔，等. 图书馆创客空间空间设计研究[J]. 图书馆，2019（1）：88-94.

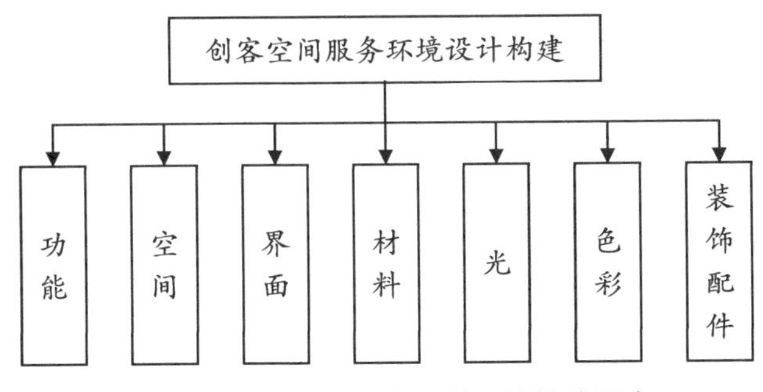


图7-1　创客空间服务环境设计构建要素

(1)功能。

在创客空间服务环境规划设计前,必须要在满足高校图书馆基本功能的情况下进行空间再造,把功能放在首位才是装修设计的根本。在设计室内空间前,必须充分调研,了解读者的需求,以读者需求为中心的设计方案才能让读者满意。反之,缺少功能的设计只会让读者感到华而不实。高校图书馆创客空间服务环境设计应围绕图书馆的功能进行规划,图书馆创客空间服务环境设计者需要考虑两个方面的功能,即物质功能和精神功能:①创客用户与空间环境的关系,被称为物质功能,是指创客用户对室内布局、通风、绿化、采光等物理实体环境需求的设计;②创客用户的行为、感受与空间环境的关系,被称为精神功能,主要指创客用户对空间文化心理感知、室内设计风格等需求的设计。

(2)空间。

创客空间的室内空间环境是设计围绕室内功能对创客空间室内环境进行组织、布局、调整和再创造,主要依据读者的物质需求和精神需求,合理运用技术手段对创客空间环境进行空间再造和美化处理。创客空间通常有封闭式空间、子母空间、独立式空间和开放式空间等空间形态。

(3)界面。

创客空间的界面包括墙面、顶面、地面、造型等。界面的选择和艺术化的处理以及过渡部分的设计，使图书馆建筑与创客空间装饰完美结合，达到功能与艺术美学的和谐统一。

（4）材料。

材料主要是指创客空间室内装饰材料，包括装饰地面、墙面和顶面三大界面的材料。材料本身的色彩、纹理、材质等会对创客空间的环境氛围产生影响。在创客空间中，机械产品加工区、激光切割区的墙面要使用隔音、防火材料，这样既能减少噪声还能起到防火的作用。

（5）光。

光是创客空间室内设计中最为关键的基本要素之一，分为自然光和人工光，读者对空间周围事物的感知大多通过光来实现。其不仅能满足人的生理需求，还是构成室内空间环境艺术效果的重要影响因素。例如，在创客空间的展示区，光的运用对产品的展示效果以及室内空间环境的艺术效果影响很大。

（6）色彩。

色彩和光有着密切的关系，没有光也就感觉不到色彩，色彩是光反射进入人眼后，产生的一种视觉效应，不同的颜色会给人的感官带来不同的体验，同一种颜色对于不同的人也会产生不同的感受。例如，暖色调给人温暖、愉悦的感受，青少年创客培训区适合用暖色调，体现学生的青春活力，提高他们的学习效率；而冷色调给人安静、踏实的感觉，更易于读者思考问题，这种色调适用于创客空间学习服务区。因此，在创客空间室内空间环境设计时，只有充分考虑色彩的搭配和整体空间的协调性，才能创造出一个优雅的环境，提高创客用户的舒适度。

（7）装饰配件。

装饰配件是创客空间室内空间设计的点睛之笔，包括字画、雕塑、家具、绿色植物等。装饰配件可以使创客空间室内环境更生动、更有灵气，可以增强创客空间室内的温馨气氛，陶冶人的情操，从而达到让创客用户满意的良好效果。

## (二)高校图书馆创客空间服务环境设计内容

高校图书馆创客空间服务环境设计内容主要包括以下几个方面:创客空间内部空间的组织与分隔,创客空间功能与风格的确定,创客空间主色调的确定和色彩配置,创客空间采光和内部照明,创客空间家具、陈设、配件等的配置,创客空间室内绿化,创客空间界面的设计,如图7-2所示。

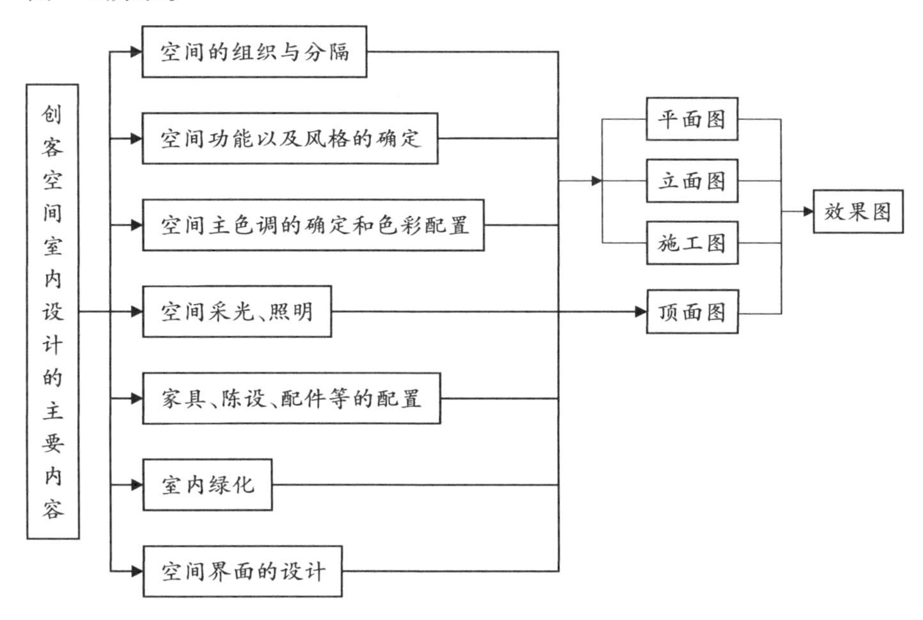


图7-2　创客空间服务环境设计的主要内容

1.创客空间的组织与分隔

(1)创客空间的组织与布局。

创客空间组织的目的是根据创客用户对空间服务环境不同用途的需要,而对创客空间进行组织、布局、规划、装饰,并对相应结构、设备进行改造更新。在满足功能要求的基础上,对创客空间室内环境进行区域划分、重组和结构调整,利用物质的多样性,巧妙融合丰富的造型

手法，使创客空间呈现出平面、立体、相互穿插、多姿多彩的形式[①]。创客空间是围绕功能规划设计的，有多种方法可用于不同功能的空间规划设计方案中，根据创客空间功能的不同设计不同的装饰风格。若要满足不同创客用户的具体需求，就需要将功能设计放在首位，才能创造出使创客用户工作舒适、方便、高效的服务环境。高校图书馆创客空间建立的首要条件是拥有一个合适的场地，最好是一幢楼或者几个楼层，这样有利于整体空间的规划、功能区域的划分以及装修风格的确定。创客空间在进行设计布局时要“应时、应地、应校”，所处区域不同，历史背景不同，设计也应该有所不同，所以创客空间设计应该灵活布局，融入地域特性和当地文化特色，体现本校独有风格。目前高校图书馆创客空间基本由门厅入口区、休闲等待区、信息技术服务区、产品设计加工区、成品展示区、学习服务区六个功能分区组成。创客空间环境设计在满足空间功能需求的前提下还要考虑环境对创客用户的心理、生理产生的影响，创客空间相比传统图书馆噪声要大，在设计功能分区的同时还要充分考虑创客空间内部区域动静环境的分隔，如图7-3所示。

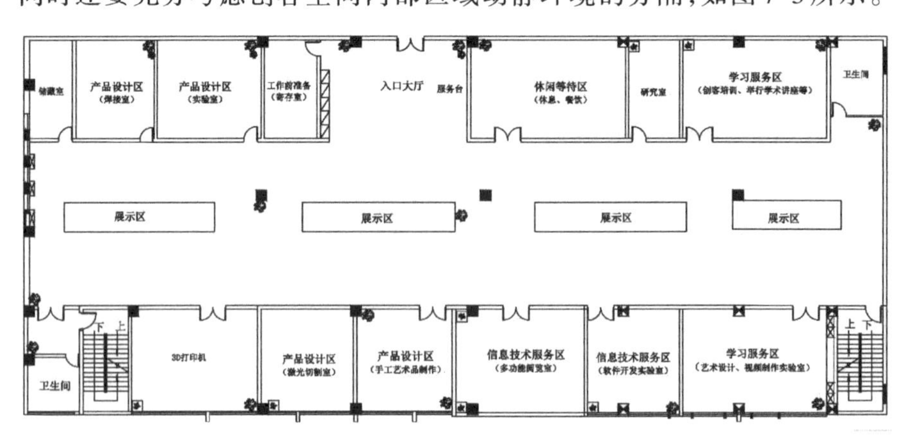


图7-3　图书馆创客空间平面布局图

（2）空间的分隔。

图书馆创客空间的分隔方式会根据创客空间的具体条件和功能要

① 李君燕.高校图书馆室内空间再造研究[J].滁州学院学报，2017(4)：131-136.

求做出不同的构思和选择。分隔方式一般有建筑列柱分隔空间，实体墙分隔空间，玻璃墙分隔空间，装饰、隔断分隔空间，绿色植物分隔空间，灯具、家具分隔空间等几种方式。其中，建筑列柱分隔空间是创客空间室内虚设的一种分隔方式，这种方式一般用于创客空间大厅，依据图书馆建筑本身来设定和布置；实体墙分隔空间一般用于私密性要求比较高，不希望被外界打扰，偏于安静的创客空间区域环境；而利用玻璃墙来围合的创客空间室内区域，能够展现现代空间设计的通透性，保证良好的光线和视野范围，如果想要私密性空间可以在玻璃上贴上不透明贴膜，有效防止外部环境对室内的干扰；装饰、隔断分隔空间则是指使用屏风、博古架、织物、垂帘等对创客空间进行空间分隔；绿色植物分隔空间则是指通过绿色植物的摆放、装饰来分隔创客空间。此外，创客空间里的灯具常常与家具搭配共同分隔室内空间。在一个宽敞的创客空间服务环境中，家具是分隔室内空间的主要角色之一，通过家具的摆放，布置出新的功能空间。创客空间可以根据区域功能的不同进行分隔，因此往往一个空间区域中同时存在多种分隔方式，如表7-1所示。

**表7-1　图书馆创客空间功能区空间分隔方式**

| 功能区 | 分隔方式 |
| --- | --- |
| 入口大厅 | 绿色植物、装饰、隔断 |
| 休闲等待区 | 装饰、隔断、灯具、家具、玻璃墙 |
| 成品展示区 | 建筑列柱、灯具、家具 |
| 学习服务区 | 实体墙、玻璃墙 |
| 信息技术服务区 | 实体墙、玻璃墙 |
| 产品设计区 | 实体墙 |

2. 空间主色调的确定和色彩配置

色彩是创客空间室内设计的构成要素之一，和谐的色彩搭配可以让创客用户在情绪、精神、生理上对所处的环境给出正向的反馈，可以安慰和激励创客用户，有助于创造性思维的产生。反之，冲突的色彩搭配会使创客用户产生不适的感觉，可能会导致创客用户心情郁闷、精神萎靡。在设计创客空间室内服务环境的时候，先要确定整体空间环境的主色调，其他物件和室内装饰色彩都要服从于创客空间整体空间环境的主色调，这样才能营造出一个统一、和谐、高雅且具有特色和魅力的创客空间服务环境。

心理学家研究表明，在色彩装饰不同的房间里对儿童进行同样的智商测试，其结果不同[①]。在色彩明亮、色彩搭配符合儿童心理特点的房间进行的儿童智商测试，其分数要高于在色彩暗淡、不协调的房间的儿童智商测试。人对色彩的偏好与情感反应因年龄、性别、文化以及心理状态等因素的不同而有着很大的差别，已有学者对此做了大量的研究[②]。但由于众多不确定因素的存在，人们对色彩的感觉是比较主观和情绪化的。因此，在进行创客空间色彩设计时，先要详细了解和研究不同年龄段创客用户对色彩的情感反应以及偏好。例如，儿童与成人对色彩的爱好有很大差异。儿童大多喜欢鲜艳亮丽的颜色，如青绿色、粉色和黄色，这些色彩与自然色比较接近，在设计儿童创客用户空间时要使用这种色彩搭配。随着年龄增长，人们对色彩的喜欢也会发生变化。青少年创客用户喜欢暖色系，如红色、橙色、黄色给人以温暖的感觉，明度、纯度都比较高的暖色会让人感到心情激动、气氛热烈，与儿童喜欢的色彩形成一种强烈的对比。而中年人则比较喜欢黑色、白色、灰色、咖啡色和驼色，总体偏灰色系，体现中年人的成熟、稳重。老年人则喜欢淡色，如米白色、浅蓝色等对比弱的颜色，有种宁静放松的感觉。青、蓝属于冷色系，其明度、纯度较低，给人安静平缓的感觉，在创客空间中需要安静的自修室或者研修室常常会采用这种色调。色彩的具体搭配需根据所处环境的不同灵活运用。

---

① 黄东升，李桂媛．略论室内设计中的色彩功能[J]．三峡大学学报（人文社会科学版），2007(29)：145-146.

② 陈丹丹．室内光源设计与餐饮空间性格塑造之探析[D]．苏州：苏州大学，2014.

假如将创客空间室内各个功能的空间单独设计，就会产生不协调感。因为创客空间室内环境是一个整体，而不是单纯的空间集合。只有在统一主色调的前提下进行设计才能达到和谐、连续的空间效果，增强空间的视觉感。按照这样设计，即使把创客空间内其中一个空间的家具、装饰搬到另一个空间后，也不会破坏创客空间整体色彩的和谐统一。

3.空间采光、照明

光是创客空间室内环境设计的主要构建要素之一，分为自然光与人工照明两部分。光的巧妙运用能给创客空间室内环境带来意想不到的效果，既能满足创客用户的生理需求，又能满足创客用户的心理需求，还能满足创客用户视觉上对周围事物的感知。把光运用得恰到好处也非易事，想要达到理想的照明效果要从以下几个方面考虑：

（1）根据创客空间光源的主次、强弱、聚散等与创客空间具体情况结合，合理布局，巧妙灵活运用灯光，才能创造出温馨的氛围，达到理想的整体效果。

①主体照明：主体照明是创客空间室内环境主要照明来源，它能满足创客用户在室内从事各种活动的照明需求。

②局部照明：为满足创客用户的特定需求而使室内某一灯具作局部空间定向照明，它能补充区域内空间的特殊照度需要。例如，产品展示区的射灯，重点突出某个展示产品，营造室内照明气氛。

③装饰性照明：为渲染创客空间室内环境气氛、丰富主体照明光线层次而设置的辅助照明，这种照明方式只是为了烘托气氛，替代不了空间主体照明的采光功能。

（2）自然光源对创客空间服务环境的影响。自然光与建筑窗户的朝向、大小、高低都有关系，自然光强度及角度的变化会对创客用户的视觉产生不同程度的影响。自然光不能过强，否则会对创客用户造成视觉刺激，不利于工作和学习。使用电脑时也要避免阳光直射产生反光，可以设置避光窗帘或者百叶窗使自然光通过处理变成让创客用户感觉舒适的光源。

(3)人工光源对创客空间服务环境的影响。灯光是决定空间效果的主要因素之一,在创客空间服务环境中,灯光的设计一般采用整体和局部照明相结合的方法。在创客空间入口大厅以及过道、培训室、产品设计区等通常以整体照明为主,但在一些功能区就要采用整体和局部照明相结合的方法。例如,在天棚上安装分布均匀的固定照明,在休闲等待区设置有色灯光以增加休闲气氛,产品展示区在使用整体照明的前提下再设置射灯进行局部照明突出重点。根据创客空间内各个区域的功能确定具体照度和光色标准,以满足创客用户在室内正常活动的光照和气氛需求;根据创客空间室内环境的总体风格和具体功能,选择照明种类、灯具样式、照明分布、照明光源的高度等,以保证最佳照明质量。

4.家具、配件等的配置

(1)家具。

家具是创客空间室内服务环境的重要组成部分,有了家具,创客空间才有了灵气,有了家具,才能体现创客空间的基本功能。不同功能的创客空间环境使用的家具也有所不同,没有家具的创客空间只是一个建筑空壳,只有布置了与创客空间各个功能区相适应的家具设施,这个空间才让我们感觉它是一个具有办公、研讨、展示等功能的完整创客空间。创客空间室内环境的功能会因家具本身功能的不同而改变,也会因创客空间室内家具的材质、形状、组合形式的差异给创客用户带来不同的视觉感受。创客空间里的家具要根据空间功能的不同而采取不同形式的组合来搭配。例如,单体家具一般用于独立研修室、单人工作室;组合家具用于多功能阅览室、多人研讨室等。

(2)陈设、配件的配置。

配件可以改变空间布置,用配件装饰创客空间是一种让创客空间环境生动起来的方式,在创客空间中使用配件有以下几种益处:①让创客空间具有个性化、人性化的特点;②给创客用户带来舒适感、美感的同时，还能够节省费用，且不用改变空间结构；③更换方便，不同的创客用户活动场景使用不同的配件、装饰，随拿随用，随换随取。

5.室内绿化

创客空间环境设计中绿化的作用不可小觑，它不仅能给整个环境带来清新、自然和舒适的感觉，还能给室内带来生机，陶冶人的情操，提高创客用户的学习、创新效率。

（1）创客空间使用绿化的作用。绿化可以调节室内温度，减少噪声，净化室内空气。美化室内环境的同时，还可以调节创客用户的心情，消除创客用户学习、工作带来的疲劳感，给创客用户带来舒适感。

（2）要根据创客空间服务环境的功能和植物本身的特点来决定如何选择绿化植物的种类。

①图书馆创客空间室内放置的绿色植物应具有耐寒性、耐阴性和弱光性，最好是常青的植物，不需要时常浇水[①]且易于打理，植物叶片要浓密且具有较强的抗病性、抗旱性。例如，耐阴的龟背竹、棕竹、剑兰等，耐寒的茉莉、常春藤等。

②根据创客空间的室内功能、特点以及大小，选择种类和形态适合的绿化植物。

③根据植物本身的特点来放置。将喜欢阳光和耐热的植物放置在朝阳面，使其充分享受阳光；将耐阴耐寒的植物安排在朝阴面，防止阳光直射。

图书馆创客空间环境绿化尽量利用空闲区域。例如，创客空间的墙角、窗台等，这样既不影响读者正常通行还能美化创客空间环境。在创客空间墙角空处可以放些棕竹、滴水观音；创客空间入口大厅可以适当配置些大型植物，如铁树、棕竹、散尾葵等，体现图书馆的文化气息；创客空间学习服务区、培训场所，应选用具有茂密绿叶的植物，多看绿

① 龚丽萍.以人为本创建绿色图书馆[J].浙江树人大学学报(自然科学版)，2011(4)：72-74.

色可以缓解创客用户的视力疲劳,使创客用户身心得到放松;可在多功能阅览室书架或书柜的顶部摆放一些吊篮、绿萝等有下垂藤蔓枝叶的植物,从高处向下垂式摆放,也可以在展示区、产品设计区等适当的位置设置一些置物花架,将其摆放在花架上;创客空间各种出入口和室内多余空间的地上可以适当摆放一些发财树、巴西木、小叶榕等①;小型观赏性植物君子兰、水仙花、杜鹃、马蹄莲比较适合放在创客空间室内的窗台或桌面上;楼梯踏步上可放置一些小盆观叶植物或应时花草,营造层叠的绿色指向效果;楼梯平台上宜放置一些高大的植物如小叶榕、印度橡皮树等。不同的季节,创客空间可用不同的植物来绿化。春季可以在创客培训室、研讨室、工作室、展览区等的桌子上摆放几盆惹人喜爱的报春花或茉莉,烘托出浓厚的春天气息;夏季可以在多功能阅览室、研讨室、会议室等桌上摆放几盆月季石榴或吊兰,让人觉得清新优雅,赏心悦目;秋季可以在信息技术服务区、学习服务区的墙角区域点缀几盆石斛或倒挂金针,鲜活醒目;冬季可以在书架、书柜顶部放置些常春藤,尽显披垂飘逸,舒展自然②。

图书馆创客空间室内服务环境设计是对图书馆建筑内部环境的改造、组合、深化与充实,是对图书馆建筑的延续和再完善,为了给创客用户创造一个舒适的室内服务环境,未来图书馆创客空间必将是一个装修精致、环境优美及生态绿色的室内空间环境。

## 第四节　以上海图书馆东馆为例的环境设计实证研究

上海图书馆东馆是国内公共图书馆在服务环境设计方面做得比较

① 聂江城,石聪,王璐璐.浅谈图书馆绿色环境建设[J].图书馆工作与研究,2009(12):34-35.

② 唐晓薇.绿化设计艺术在图书馆环境中的应用[J].江西图书馆学刊,2006(3):118-119.

成功的，在实体环境设计、功能布局设计、家具采选等方面都有其独特之处。

上海图书馆东馆是上海图书馆的分馆之一，它坐落于上海市浦东新区合欢路300号，建筑面积11.5万平方米，地上7层、地下2层，可提供座位近6000个，读者年接待量可达400万人次。上海图书馆东馆是一座充满现代气息的建筑，是一座现代化的综合性图书馆，集文化交流、知识传播和学术研究于一体，是目前国内单体建筑面积最大的图书馆，同时拥有丰富的藏书资源和优质的服务，每年吸引着大量读者的到来。2017年9月27日上海图书馆东馆开始建设，2022年9月28日正式投入使用，为读者提供优质的服务。该馆的建设重点在于功能布局、家具和设备的采选以及环境的优化，根据人们的所需所想进行设计，充分体现了“人创造环境，环境也创造人”的人性化设计内容。

作为上海市的标志性文化建筑之一，上海图书馆东馆的功能布局具有综合性和开放性，旨在提供广泛的服务，以满足各种读者的需求。全馆设有22个主题阅读服务空间，每个楼层景色各不相同，除了阅读之外还能办公、聚会、看演出。

## 一、上海图书馆东馆外部环境设计

上海图书馆东馆采用了独特的玻璃幕墙设计，让整座建筑拥有时尚、高雅的外观。外立面采用印有大理石花纹的玻璃来模拟玉石被切割后的形态，并以璞玉来隐喻图书馆育人的过程。有一半的外立面是倾斜的，可有效减少阳光直射，屋顶有太阳能、水能系统供给图书馆日常所需。上海图书馆东馆的结构设计得很简洁，只有三个盒子状的基座，分别是展览厅和阅剧场、少儿区、中央大厅。中央大厅连接着馆内所有的功能分区，中庭近50米高，天光直射而下，空间虽通透却不单调，人们很容易就能观察到馆内多元的空间。

## 二、上海图书馆东馆内部环境设计

### (一)功能布局

上海图书馆东馆的功能布局设计非常人性化,每个功能区都设置得十分合理且井然有序,提高了读者的使用效率。上海图书馆东馆功能布局按楼层自下而上可分为以下几个区域:

1.地下二层和地下一层

地下二层是上海图书馆东馆的地下停车场,主要作用是为读者和员工提供停车服务。这个区域设有停车位,方便读者在访问图书馆期间停放车辆。

地下一层是餐饮区,包括逸刻便利店、肯德基、咖啡店和读者休息室等。这些设施为读者和员工提供了就餐和休息的场所。在这里,读者和员工可以在饥饿和口渴的时候享用食物和饮料,也可以在疲惫的时候去放松身心。

2.出入口和服务区

图书馆大厅是上海图书馆东馆的门面,其设计采用了现代化的建筑风格,非常大气豪华。上海图书馆东馆的主要出入口设在南北两侧,并设有安全检查口,方便读者进出。在入口设有可以快速借还书、自助借还书和提供信息咨询的服务区以及文创用品商店。服务区还提供图书查询、实名认证、预约取书、自助办证、咨询与投诉等服务。

3.阅览区

上海图书馆东馆的一至五层是阅览空间,为读者提供了丰富的学习、研究和资源搜索服务。每个楼层都宽敞明亮,设有按照功能进行分类的书架区,如社会科学区、自然科学区、文艺区、儿童文学区、报刊阅览区等。

一楼设有少儿阅读空间、无障碍阅览室、文创空间;二楼为报刊服务空间，里面有一些适老化的设施；三楼有四处面向东西南北的阅读广场，两个面向街区，两个面向公园，各层的布局几乎是相同的，但会顺着中庭微微扭转，让读者体验到不同角度的景致；四楼、五楼享有“读文，读艺，读科学”的美称，设置了大量的主题馆，如家谱馆、美术文献馆、前沿科技馆等。各个功能区之间都是连通的，中间几乎没有分隔，读者可以自由探索，可以在智能书架上找书，还可以使用服务机器人去完成借还书的操作。

在上海图书馆东馆，“阅读”有了更多的可能，建筑本身和馆内的公共艺术都可以成为“阅读”的对象，一楼中庭的水磨石地面其实就是一个艺术作品，既是上海图书馆的馆藏，又展现了上海图书馆的历史，如图7-4所示。三楼是风景最好的阅读空间，如图7-5所示。

图7-4 一楼中庭地面

图7-5 三楼阅读空间

此外，二至五层还设置了研讨室，以供学者、学生和专业人士学习和交流。所有阅览区均配有电源插座、免费Wi-Fi和座位预约系统，以满足读者的学习需求。

4.多媒体中心

上海图书馆东馆的多媒体中心位于五楼，是一个集视听、数字展示和数字学习等功能为一体的多媒体空间。在此区域内，读者可以免费观看电影、音乐会和文艺演出，也可以参加图书馆举办的数字展览和文化活动。此外，多媒体中心还配备了专业摄像设备、音响设备和数字教学工具，以满足读者在数字学习和科研方面的需求。

5.创客空间

上海图书馆东馆五层也是一个开放式的创客空间,包括了数字制造、设计和探索等不同的活动区域。此区域配备了3D打印机、计算机和图形处理工具等,方便读者制作自己的创意作品。创客空间还设有多个独立工作站和小型研讨室,以方便团体交流和探讨。

6.阅读推广区和行政办公区

上海图书馆东馆的七层为阅读推广区、行政办公区和馆藏精品区,为图书馆提供日常管理和信息技术支持。行政办公区内包括办公区、会议室、志愿者培训区和休息室等,为维护图书馆的正常运转和满足员工的工作需求提供了必要的支持。

总之,上海图书馆东馆的综合性强,能同时满足读者的不同需求,包括传统的书籍阅读与借阅、数字资源的获取与使用、休闲放松和社交等。这也体现出现代图书馆的发展趋势,通过提供多元化的服务、多样化的空间和先进的技术来满足读者对学习和阅读的需求,同时也为知识传播、文化交流和学术研究做出了积极的贡献。

## (二)家具采选

精心挑选家具不仅能改善室内空间的视觉效果,还可以提升图书馆整体的视觉效果,增加图书馆的美感和吸引力。下面就上海图书馆东馆家具的采选策略、过程以及效果进行阐述。

1.家具采选的目标

上海图书馆东馆作为一家公共文化服务机构,其家具采选优先考虑读者需求。为了让读者在阅读、学习、研究的过程中更加轻松愉快,馆内家具的设计和采购必须符合读者的需求,让他们在舒适的环境中体验到阅读、学习的乐趣,同时提升读者的工作和学习效率;家具采选还应该注重环保及可持续性,选择环保、耐用、易于清洁和维护的产品,以减少家具对环境的影响;家具采选还要有合理的成本控制,以最合理的价格获得最好的质量，实现资源的最大化利用。

2. 家具的采选原则和布置特点

（1）采选原则。

上海图书馆东馆在采购家具时严格遵守国家标准，秉承绿色环保的理念，选择符合环保标准的家具，并注重家具的稳定性、耐久性、防火防潮性以及灵活性。同时，该馆还根据图书馆的功能需求，挑选颜色和样式与周围环境一致的家具，以提高整体美观度。上海图书馆东馆的家具采选原则包括以下几个方面：

第一，上海图书馆东馆的家具采选考虑的是舒适性。在一个公共图书馆里，人们来来去去，大多数人都会在这里坐下阅读，因此舒适的桌椅显得尤为重要。在选购家具时，馆方应根据读者的需求和习惯，选择符合人体工程学要求的家具，以缓解读者因长时间阅读而造成的疲劳。例如，椅子的座位高度、靠背角度和扶手设计等都应该符合人体工程学设计标准。

第二，上海图书馆东馆的家具采选考虑的是功能性。公共图书馆内的书籍繁多，藏书数量和种类极为丰富。因此，家具的功能性至关重要。合理的家具布局和设计能够帮助读者更好地阅读和查找资料，提高读者阅读和学习的效率。例如，书架的高度和深度应该符合藏书的规格和数量，书桌的设计应该考虑到读者是否需要额外的空间来存放书本和笔记本电脑，也要考虑到书本和笔记本电脑的安全问题。

第三，上海图书馆东馆的家具采选考虑的是美观性。图书馆的家具应该符合现代美学的要求，以适应读者不断变化的审美需求。这意味着采选家具时应选择外观美观、时尚、简约的家具，给人赏心悦目的感觉。此外，家具的颜色和材质应该与馆内的室内设计风格相一致，呈现出整体美观的效果。

第四，在采购家具的过程中，上海图书馆东馆严格要求家具的质量。图书馆每天都会有大量的读者使用家具，因此家具需要具备很强的耐用性和抗磨损能力。馆方在选购家具时，不仅选择了品质高的材料，还考虑到每件家具的寿命和维护成本。

第五，上海图书馆东馆的家具采选遵守了相关的规定和标准，例如，国家规定的环保标准、消防安全标准等。在采选过程中，馆方与家具供应商合作，邀请专业的设计师和建筑师为图书馆提供适配的设计方案。另外，馆方还对每件家具的质量和标准进行检验，以确保每件家具都符合标准和规定。

综上所述，上海图书馆东馆家具的采选考虑了舒适性、功能性、美观性、质量等多个方面的需求。只有将这些方面融合在一起，才能采购到适合读者、符合标准和规定的高品质家具。

(2)布置特点。

①上海图书馆东馆按照“沉淀文化，致力于卓越的知识服务”这一使命，为广大读者提供了一个学习和交流的平台。其空间布局、藏书分类、服务设施、数字资源以及开放时间等方面都十分人性化，不仅能有效提升读者的阅读效率，还能够帮助读者提升文化修养和知识水平。为了满足读者的需求，阅览室内部不仅配备了标准的阅览桌椅，还摆放了舒适、现代的休闲沙发，为读者提供了一个休闲阅读的场所，如图7-6所示。

图7-6　上海图书馆东馆阅览家具布局图

②为满足图书馆五大功能需求——藏、借、阅、查、展，上海图书馆东馆对家具布局进行了合理规划。在同一阅览区域内，针对不同类型

的图书设置不同的家具,对于贵重文献的闭架管理,上海图书馆东馆设置了玻璃柜,这样可以在保障图书安全的前提下,方便读者查阅目标图书;对于普通图书的开架管理,设置了开放式书架,让读者可以自由地浏览、查找和借阅图书。此外,上海图书馆东馆在阅览区域的柱子周围还设计了展示架,用于展示新书和特色图书,吸引读者的注意,如图7-7所示。上海图书馆东馆通过科学的家具布局设计进一步提升图书馆的服务质量,满足读者的需求。在图书馆主要进出口、借书区域和阅览区等位置放置检索和阅读设备,以便读者快捷地查找和阅读图书。在书架之间还放置了阅览桌,方便读者在阅读图书、期刊时能够“一站式”利用图书馆的文献资源。这种布局方式有助于提高读者的阅读效率和使用效率,如图7-8所示。

图7-7 阅览服务空间展示书架图

图7-8 书刊阅览区空间布局图

③按照“人在书中,书在人旁”的人性化理念,家具的布局需要考虑读者的使用需求。随着读者的阅读习惯日益多样化,图书馆服务日益多元化,传统的书架与阅览座位分区集中摆放的方式已经无法满足读者的阅读习惯和需求。因此,上海图书馆东馆在满足阅览座位需求的前提下,特别采用了交错摆放的方式,将阅览座位与高低相宜的书架交错布置,读者可以随手拿取所需文献,轻松地进行阅读和查找。这种布局方式能让读者享受到图书馆家具合理布局带来的便利,如图7-9所示。

图7-9　上海图书馆东馆阅览空间布局图(一)

④按照“高矮相宜、错落有致、动静分离”进行布局。上海图书馆东馆将不超过四层的低层书架或阅览桌椅布置在靠近窗户的一侧，以满足读者的阅读和学习需求。同时，将六至七层的高层书架布置在靠近实体墙的一侧，供读者查阅藏书。这种布局方式既能让读者查阅图书馆丰富的藏书，又能让读者欣赏到室外大自然的美好风景，十分巧妙，如图7-10所示。

图7-10　上海图书馆东馆阅览空间布局图(二)

3.家具采选的过程

上海图书馆东馆家具采选的过程主要分为策划、选型、试用、采购和维护五个阶段。

(1)策划阶段。馆方在决定新一轮家具采购时，会提前制定家具采购策划方案。方案明确了采购的数量、类型、预算、品质要求以及大致的采购周期。同时，还要做好家具采购招标的准备工作，为后续的家具采购打下坚实的基础。

(2)选型阶段。在家具采购招标完成后,馆方会对竞标企业的家具产品进行评测和比较,综合考虑品质、价格、售后服务等因素后进行选型。同时,馆方会参考国内外其他公共图书馆的家具采购经验,了解其他地区图书馆家具的优缺点以及市场上家具产品的发展趋势和变化,为选型提供参考。

(3)试用阶段。为了确保选择的家具产品符合图书馆的需求,应在采购前对家具进行测试。测试时间应足够长,以充分测试家具的性能和质量,从而进行合理的选择和采购。例如,上海图书馆东馆在正式开馆前已面向公众发起几轮公测,广邀市民前来体验并提出意见,并在每一轮公测后根据测试意见进行相应软硬件的调整与升级。

(4)采购阶段。上海图书馆东馆在家具的采选过程中,根据馆内的实际情况和读者需求进行考虑和调整,使得采购的家具与馆内整体环境和谐统一。例如,自习区配置了针对性强的自习桌椅,便于读者进行长时间的学习和阅读。此外,对于儿童阅读区,馆方选购了符合儿童体型的座椅和桌子,便于他们能够舒适地阅读和学习。

在试用阶段结束后,馆方根据试用结果、选型结果和预算情况进行实际采购。馆方和供应商进行谈判,商议合理的价格和交货日期并签订采购合同。采购合同中包含了家具的质量要求、售后服务等相关内容。

(5)维护阶段。采购完成后,馆方应加强对家具的维护管理,对家具进行定期清洁、检查和维修,以保证家具的长期使用。家具的维护管理还包括定期更换和更新家具,以保证图书馆的服务质量。

4.家具采选的效果

上海图书馆东馆在家具采选过程中,注重家具的功能性和环保性,选用了符合国家环保标准且耐用、易于维护的家具产品。经过这些采选步骤,家具不仅满足了读者在阅读、学习、研究过程中的需求,还优化了图书馆内部的服务质量。

上海图书馆东馆的家具采选是一个考虑了很多因素的复杂过程。家具的舒适性、功能性、美观性、经济性和质量等都需要仔细考虑。最终，在馆方与家具供应商的合作下，上海图书馆东馆创建出了满足读者需求的、高品质的公共图书馆。

### （三）专用设备采选

随着科技的飞速进步，图书馆的管理和服务也发生了巨大的变化。通过引进和使用专用设备，图书馆可以更好地完善安全、保养和管理措施，提高服务效率，更好地服务于读者，满足读者的需求。

1.服务设施

上海图书馆东馆的服务设施非常完备和先进，包括自助借还机、查询机、多媒体讲座厅、数字图书馆、数字资源服务等。此外，图书馆还提供了免费的Wi-Fi、手机充电插头和休息座椅等，这些设施既为读者提供了高效、快捷的全方位服务，又非常贴心和人性化，让读者感受到家一般的舒适和温馨。

2.防盗系统

防盗是图书馆管理中的重要部分，安装防盗系统能保护馆内图书。防盗系统的好坏直接影响到图书的安全。因此，购买一套高性能的防盗系统来确保馆内图书的安全是非常必要的。

3.防火系统

防火是图书馆的一项重要保护工作。上海图书馆东馆藏书量庞大，需要建立完善的防火系统，防止因火灾对图书文献造成损失。防火系统需要具备高效、安全、可靠、易于操作等特点。

4.图书柜

图书柜是图书馆内最基本、最常用的设备之一，一个合格的图书柜不仅要便于检索，还要具备美观、耐用、易于维护等特点。上海图书馆东馆图书柜的数量较多，考虑到图书馆的空间限制，需要选择一种与馆内空间适配度高的图书柜,以更好地利用空间。

5.计算机设备

图书馆的计算机网络系统为馆内的日常办公提供了强大的支持,并且实现了多媒体应用,如视频会议。它还可以与互联网相连,为馆内的信息服务提供便利。上海图书馆东馆引进了一系列先进的设备,包括服务器、交换机、防火墙、存储设备、网管系统、UPS电源和终端设备等。

6.检测维护设备

在图书馆的日常管理中,需要进行定期的检测维护工作。图书馆需要购买一系列的检测维护设备,包括温度计、湿度计、氧气计、紫外线光度计、手持式便携式读卡器与RFID手持读卡器、智能清洁器等。

为了满足读者的需求,上海图书馆东馆特别设计并采选了一系列专用设备,既能够满足功能上的要求,又能够满足文献使用和管理上的需求,还保证了安全性,让读者可以充分利用图书馆资源。

## 三、美化环境设计

上海图书馆东馆在服务空间环境的设计和规划中,不仅注重图书馆自身实用功能的体现,如提供安静的阅读环境、方便的借阅服务、舒适的阅读设施等,还考虑到装饰功能和实用功能的完善与结合。通过精心设计和装饰,营造出一个良好的服务环境可以达到以下效果:①提升读者的思想境界。一个富有文化氛围和艺术气息的服务环境可以让读者感受到图书馆的独特魅力和文化底蕴,激发读者的思考和学术探究兴趣。②调节读者的情绪活动。一个舒适、宁静的服务环境可以让读者感受到放松,有助于缓解读者的压力,使读者更好地投入阅读和学习中。③增添读者的视觉美感。通过合理的空间布局和装饰,营造出一个温馨、舒适的阅读环境,可以让读者感到视觉上的愉悦和享受,增提升读者的阅读乐趣。④满足读者的情感需求。通过细致入微的服务和关怀，如提供免费的饮料、舒适的座位、借阅指导等，可以让读者感受到图书馆的温暖[①]。

(一)绿化设计

在上海图书馆东馆的绿化设计中，建筑和自然环境的融合是一个关键因素。上海图书馆东馆每层都有绿植布置、点缀，通过营造宜人的环境，让人们在阅读和学习的同时还能感受到自然的美好。

首先，图书馆需要考虑到如何让光线从浓密的植被中穿过来并照亮阅读区域。因此，设计师采用了全高度的落地玻璃窗，使得阳光能够自由射入，并使室内与室外融为一体。同时，为了让柔和的自然光充满阅读区域，设计师在阅读区域设置了透光屋顶和墙面，可以有效地增加室内的采光量，使得室内环境更加明亮舒适。

其次，为了让图书馆的绿化更具有视觉冲击力，设计师们在图书馆周围种植了各类花卉和树木。在上海图书馆东馆入口处，绿色的草坪和盛开的花朵穿插于人行道间，映衬在玻璃外墙上。在图书馆后方，设计师们选择种植大型乔木和低矮灌木，为图书馆建筑提供清新的绿色背景。

最后，为了让人们更好地使用绿化设计，图书馆外还设置了许多户外座位和简易阅读空间。设计师们在入口旁种植了一排阔叶树，为路人提供遮阴和休息的场所。图书馆二楼的室外屋顶花园是一个户外的阅读广场，由绿色植物、水池和石头雕塑组成。这里有许多座位和桌子，可以让读者在阳光下享受美好的阅读时间。此外，屋顶还通过多种技术进行了隔热和保温，减少了能源的消耗。这个屋顶花园不仅为图书馆提供了一个美丽的绿化区域，还为城市提供了一个极佳的公共空间，为读者营造出一个舒适、放松的学习环境。

在上海图书馆东馆的绿化设计过程中，设计团队充分考虑了能够

---

① 蔡冰.图书馆读者服务的艺术[M].北京：国家图书馆出版社，2009：4.

为建筑带来自然美好的元素，使图书馆成了一个宜人、舒适的学习场所。通过上海图书馆东馆设计的成功，我们相信这些元素会对未来的绿色建筑设计产生积极的影响。

（二）装饰设计

为了提高读者的阅读体验和馆内的美观程度，上海图书馆东馆进行了特色装饰设计，这些装饰不仅可以增强其美感，还为读者提供了更为丰富的文化体验，如图7-11、图7-12所示。

图7-11　阅览服务空间胶卷装饰图

图7-12　阅览服务空间装饰图

## 第五节　乡村图书馆环境设计案例研究

随着国家乡村振兴战略的提出，乡村图书馆建设得到了一定的发展，但在部分乡村图书馆建设中还存在重设施轻环境的问题。如何构建一个优质的图书馆服务环境，更好地吸引读者，推进乡村振兴战略的顺利实施是亟待解决的问题。本节以两个乡村图书馆环境设计的成功案例为研究对象，从环境心理学视角对读者在环境中的行为方式进行分析与总结，探索读者与环境之间的相互关系，提炼出乡村图书馆环境设计的原则与策略。

古人云："山不在高，有仙则名；水不在深，有龙则灵。"这句话充分诠释了文化赋予了自然活力与灵气。中国乡村图书馆枕溪书院（淮河书院)和日本小布施町立图书馆就是对这句话的真实体现。随着国家乡村振兴战略的兴起,乡村建设与发展得到了高度重视。乡村图书馆作为当地文化发展与传播的重要阵地,承担着文化传播与社会教育的基本职能;文化振兴能够促进科技致富,对农村的发展具有非常积极的作用。近年来,我国农村经济得到很大的改善,但作为乡村文化建设重要组成部分的乡村图书馆,其发展还较为滞后,建设步伐有待进一步加快。

## 一、乡村图书馆环境建设的必要性

随着乡村振兴战略的不断推进,乡村精神文明需求也在不断变化和提高,乡村图书馆服务环境也要与时俱进。目前,图书馆建筑的实用、舒适、安全与美观、文化传承与创新等问题已经被图书馆界所关注,而图书馆空间再造设计更是受到重视。为了充分发挥乡村图书馆的职能,更好地吸引读者,在优化乡村图书资源建设的同时,还需要创造一个优质的服务环境。乡村图书馆资源建设和环境建设要同步推进行,缺一不可。

乡村图书馆建设是乡村发展与规划的内容之一,只有先建成乡村文化机构为乡村建设提供知识补给,增强知识信息服务能力,才能顺应新时代乡村发展提出的新需求[①]。为了使图书馆建筑、读者与环境更好地融合,从而更好地吸引读者,让其产生"到馆如到家"的感受,建设一个优质的乡村图书馆服务环境非常必要。

---

① 张绮璇.基于环境行为学理论的大激店乡村图书馆设计研究[D].保定:河北大学,2020.

## 二、乡村图书馆环境设计的驱动因素

### （一）文旅融合驱动

乡村图书馆建筑设计是图书馆文旅融合的基本出发点。无论是国内还是国外，乡村图书馆地域性的建筑风格和环境特点可以直观地体现其文化内涵和魅力，图书馆建筑塑造出的富有美感和特点的建筑形象可以为图书馆文化旅游增加吸引力①，使图书馆成为网红旅游打卡点，助力旅游业发展，从而促进乡村经济发展。乡村图书馆也是向社会公众传播图书馆文化旅游观念的起点，可以与旅游服务中心合作，在图书馆内配备当地旅游特色文献和宣传资料并举办阅读推广活动。将乡村特色文化与当地旅游业融合，传承当地居民精神文化，体现乡村图书馆的地域性文化特色是最直接、最简单、最有效的文化展现方式。例如，利用环境设计手法将地域文化和建筑特色元素融入图书馆室内设计中，并将其与当地自然景观环境有机结合，使它们融为一体，如图7-13、图7-14所示。

图7-13　月亮湾作家村枕溪书院室外

① 储节旺，夏莉．图书馆文旅融合现状、问题及对策研究［J］．国家图书馆学刊，2020（5）：40-50.

图7-14 月亮湾作家村枕溪书院室内

(二)乡村居民需求

能否建成一座优质的乡村图书馆,首先要看它能否满足读者的需求。这种需求既包括文化教育、休闲娱乐等基本信息需求,也包括工作技能、卫生保健、金融理财等专业信息需求。因为乡村居民的信息获取渠道比较狭窄,所以他们对于信息的需求更为迫切。一个乡村图书馆想要可持续发展就必须提供符合乡村居民需求的信息。如果乡村图书馆脱离了乡村居民实际需求,即使硬件设施再先进,服务再完善,也只是形同虚设,最终导致图书馆无人问津[1]。因此,我们需要解决农村阅读资源匮乏的问题,增加乡村图书馆资源建设和服务投入力度,向村民提供当地种植和养殖需要的最新技术书刊资料,助力农村经济发展。同时,提高乡村图书馆的使用率,积极购置使用率高的文献资源,满足村民的阅读需求。此外,还要营造舒适的图书馆环境来满足村民的心理和生理需求,以达到让读者积极使用图书馆的目的。在设计规划乡村图书馆的过程中需要充分考虑、尊重读者需求,通过文创产品或主题宣传品等活动的展示激发读者进入图书馆学习的兴趣。

(三)地方政府党政领导的图书馆建设意识

近年来,在国家政策的大力支持下,乡村图书馆数量不断增加,其

① 邓银花.乡村图书馆参与乡村振兴战略的作用机理和驱动因素研究[J].图书与情报,2020(6):84-92.

建设资金主要来源于地方政府，当地企业、社会人士集资等是有效补充。王子舟等认为，乡村图书馆的建设应提倡“自下而上”的内生方式①。当地党政领导对图书馆的认知水平和重视程度是图书馆建设服务层次高低的决定性因素，他们对提高图书馆服务地方意识、提高全民文化素养越重视，乡村图书馆的建设和发展水平就越高，在乡村振兴战略中所发挥的作用就越大。反之，当地党政领导对建设图书馆意愿不强，当地图书馆建设水平就会下降②，不利于推动乡村精神文明建设和地方经济发展。

### （四）图书馆自身生存和发展驱动

乡村图书馆虽属于非营利性机构，但亦需生存和发展，实现其自身价值，其价值能否实现取决于两个方面：一是合适的环境。环境是建筑发挥自身价值的基础，在建设乡村图书馆时需仔细调研周边环境、乡村特色、使用群体、居民生活习惯等。二是丰富的藏书资源。在建设乡村图书馆时需考虑：①居民生活需求，能解决居民日常生活所遇到的难题，如种植、养殖技术等。②居民精神需求，能丰富居民的文化娱乐活动。③当地特色资源保护与传承，如非遗文化、习俗、方言等。

## 三、乡村图书馆环境设计案例

乡村图书馆建筑主要以两种形式呈现：一是新建图书馆建筑，二是对乡村原有空置房屋进行空间再造。据调查，我国乡村图书馆的建筑大多数是由乡村公共空置房屋或者废旧房屋通过改造和空间再造建成的。下面以中国枕溪书院和日本小布施町立图书馆为例，从环境心理学的角度对读者在图书馆中的行为方式进行分析，探索乡村图书馆环境设计的原则与策略。

---

① 王子舟，李静，陈欣悦，等．乡村图书馆是孵化乡村文化的暖巢：关于乡村图书馆参与乡村文化振兴的讨论[J]．图书与情报，2021(1)：116-125.

② 邓玉祥．乡村振兴战略下乡村图书馆建设研究[J]．河北科技图苑，2021(4)：9-13.

(一)枕溪书院

枕溪书院(淮河书院)的前身是国营淮海机械厂,位于霍山县月亮湾作家村。1985年底,淮海机械厂迁入省会合肥。原生产厂房通过空间设计再造,充分保留原有建筑风貌,结合当地自然环境、人文理念和现代技术,遵循功能、经济、安全、环保和可持续发展原则,打造出一座具有当地特色、传统与现代元素相融合的乡村图书馆。枕溪书院总面积约1600平方米,藏书6万余册,可同时容纳80人阅览。书院分为六个区域,分别是藏书区、阅览区、陈设区、会议区、休闲区以及商务洽谈区,这些区域有效保障了当地居民和游客的使用需求。漫步于藏书区仿佛遨游在书海里,从山野到书房,宛若世外桃源,让人欣然向往,如图7-15、图7-16所示。

图7-15　月亮湾作家村枕溪书院一层

图7-16　月亮湾作家村枕溪书院二层

由于乡村图书馆的建设经费有限,设计师必须充分利用当地资源,本着经济、环保、安全和可持续发展的原则来规划设计,也要兼顾乡村图书馆文化补给与休闲中心的作用，给读者营造一个温馨舒适的文化空间。霍山县东西溪乡拥有丰富的木材资源，因此书院大部分为木制结构。走进枕溪书院，看到的是一个奇妙的空间，整个空间以木色为主基调，随之一面巨大的木结构隔断出现在眼前，上面镶嵌着由著名作家王蒙亲题的"月亮湾作家村"几个大字。背景墙上，遍布着为月亮湾作家村作出贡献的作家照片，点缀空间的是一些具有艺术感的软装，既沉稳大气又充满活力[①]。书院整体被设计成了两层，灵活运用点、线、面造型设计手法。建筑造型结构、家具形态以及材料如同色彩一样千变万化，利于激发读者的想象力，调动读者的情绪，如图7-17所示。入门隔断采用弧形设计，提升了空间的视觉高度，既彰显了几何形态的动态美，又起到了视觉延伸的作用。排列规则的木质天花板与书架形成对比，营造出一种静谧、安稳的氛围。在图书馆另外一端还设立了一处会议中心，大家可以坐下来以茶会客、以书会友，如图7-18所示。一进会议中心就看到一面实体墙分隔了空间，墙上有一扇门，门以"圆"为主的造型寓意生活在这片土地上的人们生活安定、家庭和谐圆满。

经过精心打造，枕溪书院于质朴中透露出雅致的气息。这里是作家、游客和当地村民阅读和休闲的地方，家具布置典雅精当，功能齐全，全然不见昔日大厂房的半点模样。吧台、书架等由实木制成，淡淡的木香入鼻，只觉得清爽、雅致。

图7-17　月亮湾作家村枕溪书院门厅

① 李凤玲.云南木杆镇图书馆空间设计研究[D].南昌:南昌大学,2021.

图7-18　月亮湾作家村枕溪书院会议中心

在我国，类似这样的历史遗留建筑非常多，像月亮湾作家村枕溪书院这般将文化、艺术与废旧厂房完美融合的做法值得借鉴、推广。

建设月亮湾作家村枕溪书院是大力宣传霍山、建设东西溪特色文创小镇的“点睛之笔”；是弘扬“三线文化”，引发文化旅游、招商热潮的有效举措；是当地“推动绿色发展，提升乡村文化，推进乡村振兴”的创举；是文旅融合的重要途径。通过创新服务建构乡村公共图书馆服务体系，打造吸引游客的服务品牌，图书馆也可成为乡村文化的旅游名片。

## （二）小布施町立图书馆

小布施町立图书馆坐落在日本长野县旅游小镇小布施町，由建筑师古谷诚章设计，图书馆建筑结构只有一层，馆内面积约998平方米，可藏书8万余册。屋顶设计以“山的形状”为元素，与周围建筑、环境、地方文化等有机结合，采用代表当地特色文化的建筑元素，适当运用本土建筑材料，更好地将图书馆融入当地自然环境，做到与周边环境和谐统一，体现出一定的区域文化特征。图书馆外立面使用了玻璃幕墙，不仅增加了图书馆的整体采光效果，还使整个建筑造型时尚美观，给人带来视觉上的审美享受[①]。

馆内空间布局开放感十足，天花板使用了当地木材，既经济又环

① 李凤玲.云南木杆镇图书馆空间设计研究[D].南昌：南昌大学，2021.

保，将空间衬托得更加整洁。设计师减少了柱梁的数目，为后期空间改造留有余地。整个图书馆建筑内部主要承重的是3根高12米的三角形结构柱梁，这恰好与周边的群山相呼应。将三角形书架放置在中心区域对空间进行分隔，分出三个不同的区域，达到功能分区的目的，让读者感觉舒适、放松，没有任何违和感。读者能够自由穿梭在图书馆中，找寻适合自己的位置。在这里，读者既可以在“静”区享受读书的快乐，也可以在“动”区会面交谈，畅所欲言，用自己的方式享受自己的闲暇时光[1]。

图7-19　小布施町立图书馆

① 古谷诚章.小布施町立图书馆[J].城市环境设计，2012(9)：114-121.

## 四、乡村图书馆环境设计原则

### (一)图书馆室外环境(周边环境)设计原则

乡村图书馆服务对象主要是当地村民,其设计也有别于城市图书馆,在选址、建筑规模、设计风格等方面都应该具有当地特色,需要与周围建筑、景观、乡村环境、文化等有机结合,以当地传统文化作为设计图书馆建筑的精神财富,以此来传承和推广当地文化,吸取传统文化的精华,体现民族和地区的特色。本着可持续发展、传播当地文化的原则,助力当地旅游业发展,乡村图书馆在建筑外观上应结合当地元素和特色,可以创新但不能改得面目全非。图书馆建筑规模要根据乡村人口数量来设定,图书馆建筑与周围环境应该相互呼应,做到协调统一,融为一体。例如,为了开展丰富多彩的文化宣传和娱乐活动以达到传播文化和教育的目的,图书馆建筑室外应设有活动广场并配置电子显示屏,并设置报刊栏、健身器材等。这些设备、设施和建筑本身在设计元素和色彩搭配上要做到协调统一,这样才能增添舒适和美感。

### (二)图书馆室内环境设计原则

1.功能性原则

以使用功能为前提,调研分析读者群体特性,在满足使用功能及藏书量的前提下兼顾居民的行为习惯来规划设计室内布局,做到动静分离。现阶段乡村留守儿童和空巢老人较多,在空间布局上,图书馆要规划一个手工制作空间让孩子们独立体验,解放家长陪护时间,还要提供一个方便老人阅读书籍、学习知识的空间。从规模上看,各乡村图书馆大小不一,为了有效利用空间,要根据图书馆建筑本身室内空间来规划设计,在满足空间功能的同时要融合当地文化,凸显当地特色。

2. 经济性原则

在国家政策的大力支持下，乡村图书馆的经费问题得到了有效解决，但是经费毕竟是有限的，怎么利用这有限的经费设计出最好的效果，这就需要设计师在原生态的空间里，以重装饰轻装修的原则，让装饰物品完美融入室内空间中，用装饰小品、绿化、家具等来分割、美化、布局空间。在满足读者生理和心理需求的情况下，结合各乡村图书馆自身特点，如各乡村财政状况、读者规模和所处环境等因素进行综合考虑。笔者认为在乡村图书馆室内空间装修或装饰设计规划中要遵循经济、节能原则，避免浪费，花最少的钱打造出最佳的效果。例如，灯具可以根据使用空间的不同设置节能灯、感应灯等相关设备，尽量降低能耗，并减少不当的光照对室内空间环境的污染。

3. 安全、环保性原则

乡村图书馆是留守儿童学习和休闲的乐园，室内空间装饰材料的选择会直接影响儿童的身心健康。图书馆在家具、装饰品等的选择上，要避免选用棱角饰品，在读者出入频繁的地方用弧形、半弧形以及圆形的饰品进行装饰，保证图书馆内部空间结构、设备、家具、灯具以及装饰小品等物理空间的安全性。同时，要兼顾儿童读者心理层面的安全保障。例如，其他建筑改造的乡村图书馆，原有建筑空间不能满足读者的需要，因此需要改造室内的空间结构。但需要注意的是，图书馆要根据原有建筑图纸进行改造，不能随意地增设墙体或者拆除承重墙对楼面增加负荷，埋下安全隐患，再好的设计也要在确保建筑空间安全、稳固的情况下才能施工。

4. 可持续发展原则

图书馆建筑环境建设的可持续发展是设计师必须要考虑的问题，在设计过程中不能只满足当下的需要，要考虑到长远的发展和规划，所以设计师在初步设计时就要做好全面调研，带着具有前瞻性的设计思想去总结、规划，尽可能地想到未来的发展变化，以大空间为主流，灵活制定整体空间的设计，不要局限于某一个空间使用功能，要有发展的思维，为将来读者需求变化后进行空间再造留有余地。

## 五、乡村图书馆环境设计策略

### （一）充分利用当地自然资源

在设计乡村图书馆时可以创新但不能改得面目全非，保证读者能够接受。在进行图书馆建筑设计和改造时，要充分考虑两点：①尊重当地传统村落文化，运用地方传统特色建筑设计元素和当地自然资源，使图书馆建筑展现地域性特征；②在图书馆建筑室内外环境设计时，要有一定的包容性与前瞻性，与时代发展同步，利用新材料以及智能化技术，在绿色、生态、环保、安全的基础上，满足读者的心理和生理需求，实现传统与现代的完美结合，将图书馆建筑完美融合到乡村环境中。

### （二）充分考虑当地村民读者的生活习惯

图书馆作为一个公共活动场所，一定要调研并确定主要的读者群体，根据读者主要群体的生活习惯，有针对性、有差别地进行空间布局，选择装饰装修、材质、照明、色彩等，同时兼顾读者的生活习惯。乡村图书馆设计本身就是为了更好地服务当地居民，如果在进行设计时不考虑当地居民的生活习惯和阅读爱好，事前不做任何调研，盲目蛮干就会背离人愿，最终导致资源浪费无法持续运营，也就失去了图书馆存在的意义[①]。所以在设计乡村图书馆的过程中，需要考虑当地村民的生活习惯，将室内使用空间进行大开间设计，为以后的可持续发展做准备，实现资源的共享、开放、相互渗透，同时提供多样化的使用功能，让读者更好地体验和享受图书馆。

① 李晶晶.传统村落大王庙村图书馆建筑设计研究[D].开封：河南大学，2019.

### (三)以使用功能为前提满足读者的生理和心理需求

在设计和改造乡村图书馆的过程中要充分调研搜集当地读者的特点、需求,以读者需求为导向设计规划图书馆。例如,为了更好地吸引孩子开设亲子阅读、手工制作等场地;为了给予读者舒适的体验,设计师要在家具、配件的造型以及色彩上精心设计;用于青少年阅读的书架、座椅等设施在高度设置上可适当降低,在空间设计之前就要对不同类型的读者进行统计、分析,有针对性地设计,满足读者的个性化需求。

图书馆的空间变化是随时代发展而变化的,这也是为了适应时代需求而采取的应对措施。我们要利用乡村图书馆建筑本身,结合馆外自然环境对图书馆建筑内部空间进行组合、深化、充实和再完善,创造出一个环境幽静、绿色生态、可供读者舒适使用的图书馆服务环境,使图书馆空间更加契合读者的多元需求,成为滋养读者心灵的栖息地。同时,秉持"以人为本,读者至上"的服务理念,精心打造空间,实现物理空间与知识空间的交融,使读者能够真正拥有舒适、优美的人性化服务环境[①],促进文旅深度融合,振兴乡村文化,丰富群众的精神文化生活,助力乡村振兴战略的实施,为我国乡村图书馆环境建设具体实践提供参考。

---

① 李君燕.高校图书馆创客空间服务环境构建要素及其设计路径研究[J].阜阳师范大学学报(社会科学版),2021(6):144-151.

# 参考文献

1. 鲁黎明. 图书馆服务理论与实践[M]. 北京:北京图书馆出版社,2005:94.

2. 曾伟清. 论图书馆服务环境及设计[J]. 情报探索,2005(3):107-109.

3. 刘向荣. 浅谈高校图书馆环境设计与读者的关系[J]. 科技情报开发与经济,2008(16):56-57.

4. 韦柳燕,陈岚. 浅论图书馆环境的人性化设计[J]. 中国市场,2007(52):198-199.

5. 蔡冰. 图书馆读者服务的艺术[M]. 北京:国家图书馆出版社,2009:4.

6. 李君燕. 简论高校图书馆的环境设计[J]. 滁州学院学报,2009(6):96-97.

7. 张志宁. 论以人为本与高校图书馆建筑[J]. 中国图书情报科学,2004(2):4.

8. 孔敏. 人文精神在图书馆的发掘和显现[J]. 图书馆论坛,2004(2):29-30.

9. 张根叶. 论高校图书馆人文环境建设[J]. 图书馆工作与研究,2004(3):88-89.

10. 孙娜. 大学校园室外空间环境的人性化建构[D]. 昆明:昆明理工大学,2007.

11. 何大镛 . 上海图书馆新馆工程筹建资料汇编[M]. 上海:上海科学技术文献出版社,1998.

12. 常林 . 数字时代的图书馆建筑与设备[M]. 北京:北京图书馆出版社,2006:220.

13. 曾伟清 . 论图书馆服务环境及设计[J]. 情报探索,2005(3):107-109.

14. 彭泽华 . 论高校图书馆物质环境对学生的影响[J]. 高校图书馆工作,2001(2):66-67.

15. 孙东升 . 网络环境下图书馆家具配置[J]. 山东图书馆季刊,2001(2):60-62.

16. 李雅丽 . 试述设计的人性化的实现方向[J]. 华东理工大学学报,2005(3):120-122.

17. 李君燕 . 简论高校图书馆的环境设计[J]. 滁州学院学报,2009(6):96-97.

18. 陈丹 . 现代图书馆空间设计理论与实践[M]. 上海:上海社会科学院出版社,2020:143-144.

19. 赖杰 . 图书馆室内装饰中的色彩搭配技法浅析[J]. 大众文艺,2017(10):136.

20. 杨志亮 . 从色彩的心理感受谈图书馆的室内空间配色[J]. 中小学图书情报世界,2008(6):8-10.

21. 代为强 . 图书馆室内空间对学习行为的影响[D]. 大连:大连工业大学,2015.

22. 卢一 . 信息时代公共图书馆阅览空间情景化设计[D]. 成都:西南交通大学,2012.

23. 杨文建,李秦 . 现代图书馆空间设计的原则、理论与趋势[J]. 国家图书馆学刊,2015(5):91-98.

24. 秦亚平 . 室内空间艺术设计[M]. 合肥:安徽美术出版社,

2012:51.

25. 张黍.室内设计原理[M].长沙:湖南大学出版社,2007:7.

26. 戴洪霞.当前高校图书馆读者空间的规划设计[J].图书馆学研究,2007(10):61-65.

27. 郑锐锋.大学校园空间的人性化设计研究[D].杭州:浙江大学,2008:2.

28. 蔡冰.城市图书馆新馆建设概述[J].图书馆建设,2007(1):6-10.

29. 韦劲,廖集光.现代图书馆室内植物装饰初探[J].山东图书馆季刊,2000(2):52-54.

30. 刘卫萍.论图书馆室内设计理念[J].图书馆学研究,2006(3):91-93.

31. 岳瑞,孟利明.基于互联网+创新创业大赛视角下新疆高校大学生创业项目探索:以新疆某高校为例[J].智库时代,2019(4):138-139.

32. 寇垠,刘杰磊,韦雨才.图书馆创客空间理论在中国的实践研究:基于文献分析视角[J].兰州大学学报(社会科学版),2018(3):59-69.

33. 宋敏.高校图书馆"创客空间"的构建研究[J].图书馆学刊,2016(2):47-50.

34. 梁荣贤.创客空间:未来图书馆转型发展的新空间[J].情报探索,2016(12):103-106.

35. 黄文彬,德德玛.图书馆创客空间的建设需要与服务定位[J].图书馆建设,2017(4):4-9,20.

36. 程晓岚,宁书斐.创新驱动的图书馆创客空间服务新业态[J].情报科学,2018(11):35-41.

37. 王敏,徐宽.美国图书馆创客空间实践对我国的借鉴研究[J].图书情报工作,2013(12):97-100.

38. 周晴怡. 美国高校图书馆创客空间实践及启示研究[D]. 湘潭：湘潭大学，2016.

39. 乔峤. 美国图书馆创客空间建设及其借鉴研究[D]. 武汉：华中师范大学，2016.

40. 刘宏. 澳大利亚公共图书馆的创客空间研究及启示[J]. 图书馆学刊，2018(2)：139-142.

41. 杜文龙，谢珍，柴源. 全民创新背景下社区图书馆创客空间建设研究：来自澳大利亚社区图书馆的启示[J]. 图书馆工作与研究，2017(9)：25-29.

42. 吴瑾. 创客空间环境下高校图书馆员的作用与能力提升[J]. 图书情报工作，2018(2)：24-28.

43. 寇垠，任嘉浩. 基于体验经济理论的图书馆创客空间服务提升路径研究[J]. 图书馆学研究，2018(19)：71-78.

44. 孙鹏，胡万德. 高校图书馆创客空间核心功能及其服务建议[J]. 图书情报工作，2018(2)：18-23.

45. 储节旺，是沁. 创新驱动背景下图书馆创客空间功能定位与发展策略研究[J]. 大学图书馆学报，2017(5)：15-23.

46. 秦凯，单思远. 中国高校图书馆创客空间发展战略分析及服务模式构建[J]. 农业图书情报学刊，2017(4)：158-162.

47. 陈怡静. 高校图书馆创客空间信息服务模式研究[D]. 哈尔滨：黑龙江大学，2018.

48. 马骏. 图书馆创客空间环境设计研究[J]. 图书馆工作与研究，2016(10)：116-121.

49. 姚占雷，兰昕蕾，吴翔，等. 图书馆创客空间空间设计研究[J]. 图书馆，2019(1)：88-94.

50. 李君燕. 高校图书馆室内空间再造研究[J]. 滁州学院学报，2017(4)：131-133，136.

51. 黄东升，李桂媛. 略论室内设计中的色彩功能[J]. 三峡大学学报(人文社会科学版)，2007(29)：145-146.

52. 陈丹丹. 室内光源设计与餐饮空间性格塑造之探析[D]. 苏州：苏州大学，2014.

53. 龚丽萍. 以人为本创建绿色图书馆[J]. 浙江树人大学学报(自然科学版)，2011(4)：72-74.

54. 聂江城，石聪，王璐璐. 浅谈图书馆绿色环境建设[J]. 图书馆工作与研究，2009(12)：34-35.

55. 唐晓薇. 绿化设计艺术在图书馆环境中的应用[J]. 江西图书馆学刊，2006(3)：118-119.

56. 张绮璇. 基于环境行为学理论的大激店乡村图书馆设计研究[D]. 保定：河北大学，2020.

57. 储节旺，夏莉. 图书馆文旅融合现状、问题及对策研究[J]. 国家图书馆学刊，2020(5)：40-50.

58. 邓银花. 乡村图书馆参与乡村振兴战略的作用机理和驱动因素研究[J]. 图书与情报，2020(6)：84-92.

59. 王子舟，李静，陈欣悦，等. 乡村图书馆是孵化乡村文化的暖巢：关于乡村图书馆参与乡村文化振兴的讨论[J]. 图书与情报，2021(1)：116-125.

60. 邓玉祥. 乡村振兴战略下乡村图书馆建设研究[J]. 河北科技图苑，2021(4)：9-13.

61. 李凤玲. 云南木杆镇图书馆空间设计研究[D]. 南昌：南昌大学，2021.

62. 古谷诚章. 小布施町立图书馆[J]. 城市环境设计，2012(9)：114-121.

63. 李晶晶. 传统村落大王庙村图书馆建筑设计研究[D]. 开封：河南大学，2019.

64. 李君燕. 高校图书馆创客空间服务环境构建要素及其设计路径研究[J]. 阜阳师范大学学报(社会科学版), 2021(6): 144-151.

65. 谢姝琳. 引入、转型与反思: 国内图书馆空间研究脉络梳理[J]. 图书馆建设, 2018(9): 55-60.

66. 孙维佳. 高校图书馆空间再造与评估研究[D]. 南京: 东南大学, 2017.

67. 张春红. 新技术、图书馆空间与服务[M]. 北京: 海洋出版社, 2014.

68. 肖小勃, 乔亚铭. 图书馆空间: 布局及利用[J]. 大学图书馆学报, 2014, 32(4): 103-107.

69. 马崴. 数字化时代图书馆建筑与内部空间布局设计及应用[J]. 四川图书馆学报, 2018(1): 56-59.

70. 罗惠敏. 图书馆空间设计理念研究[M]. 北京: 社会科学文献出版社, 2017.

71. 刘小凤. 国内图书馆空间再造研究进展[J]. 山东图书馆学刊, 2017(3): 18-23, 63.

72. 练玲玲. 信息时代高校图书馆学习空间设计研究[D]. 南京: 东南大学, 2018.

73. 文健. 室内设计[M]. 北京: 北京大学出版社, 2010.

74. 张广钦. 图书馆面积规划的环境心理学因素分析[J]. 大学图书馆学报, 2009(3): 28-33.

75. 刘孟哲. 高校图书馆空间组织及环境改造设计研究: 以长安大学逸夫图书馆楼改造为例[D]. 西安: 长安大学, 2014.

76. 张俭. 高校图书馆内部环境对学生心理影响及优化途径[J]. 大学图书馆学报, 2005(2): 62-64.

77. 刘丽芝. 图书馆学习空间利用初探: 以香港中文大学图书馆"进学园"为例[J]. 图书馆论坛, 2014(5): 107-113.

78. 朱荀 . 美国大学图书馆用户参与式空间与服务设计案例与启示[J]. 图书与情报，2018(5)：87–93.

79. 王丽 . 浅谈儿童图书馆建筑功能设计[J]. 图书馆论坛，2007(3)：150–152.

80. 肖珑 . 后数图时代的图书馆空间功能及其布局设计[J]. 图书情报工作，2013(20)：5–10.

81. 宋晓丹，朱孔国，李雪垠，等 . 现代图书馆阅览空间的功能需求及空间设计研究[J]. 图书馆杂志，2017(2)：70–73，10.

82. 宋晓丹 .“大流通”服务模式下的图书馆阅览空间设计研究[J]. 图书馆建设，2015(9)：81–84.

83. 张雪蕾，吴卓茜，李佳，等 . 高校图书馆新空间服务模式的创新实践研究[J]. 图书馆建设，2017(4)：62–68.

84. 蒋银 . 高校图书馆学习空间的规划与布局研究[D]. 南京：东南大学，2018.

85. 高小军 . 以社区为中心的现代社区图书馆服务模式研究：以深圳市罗湖区“悠·图书馆”为例[J]. 图书馆论坛，2017(3)：57–66.

86. 胡浅予 . 高校图书馆学习共享空间设计研究[D]. 武汉：华中科技大学，2018.

87. 刘绍荣 . 基于学习空间的现代图书馆空间功能与布局探讨[J]. 图书情报工作，2013(S1)：171–174.

88. 潘颖，刘利，孙萌 . 数字环境下高校图书馆空间功能布局研究：以北京、江苏、上海新建馆舍空间为调查对象[J]. 大学图书馆学报，2017(4)：46–53，78.

89. 王蔚 . 高校图书馆学习共享空间设计的新趋势[J]. 图书馆建设，2013(7)：66–69.

90. 黄耀东，高波，伍玉伟 . 高校图书馆空间服务现状与分析：以广州大学城高校图书馆为例[J]. 图书情报工作，2018(21)：24–33.

91. 赵安,付少雄.图书馆环境素养教育:驱动因素、路径及启示[J].国家图书馆学刊,2019(3):25-35.

92. 许桂菊.新加坡图书馆空间再造的启示[J].大学图书馆学报,2016(3):69-74,15.

93. 张彬.图书馆空间的审美化与阅读环境设计[J].大学图书馆学报,2012(5):28-38.

94. 朱纯学.美国Hunt图书馆空间设计分析及启示[J].新世纪图书馆,2017(4):89-91,96.

95. 刘敏.图书馆用书架的类型及其规格尺寸分析[J].家具,2017(5):51-57.

96. 肖小勃,乔亚铭.图书馆空间:布局及利用[J].大学图书馆学报,2014(4):103-107.

97. 房文革,王丽君,陈晓红.公共空间视角下高校图书馆导向标识系统存在问题与对策[J].农业图书情报学刊,2015(11):124-125.

98. 钱红.从图书馆格局变化看图书馆的导向系统[J].图书馆工作与研究,2008(12):102-103.

99. 王丽雅,王丽娜,钱晓辉.图书馆规范性标识系统的育人功能研究[J].图书馆建设,2017(8):90-94.

100. 周立黎.面向用户需求的图书馆标识系统设计[J].图书馆论坛,2014(3):78-82.

101. 赵爱平.图书馆标识系统与图书馆文化建设[J].图书情报工作,2012(S2):21-25.

102. 中国建筑西北设计研究院公司.图书馆建筑设计规范[M].北京:中国建筑工业出版社,2015.

103. 董光芹.大学图书馆多元空间服务设计研究:以新加坡南洋理工大学图书馆为例[J].图书馆建设,2018(6):74-80.

104. 姜进.多元智能理论视域下公共图书馆儿童阅读空间构建研

究[J].图书馆学刊,2016(11):10-12.

105. SANDRA F, JAMES R K.Designing space for children and teens in libraries and public places [J]. American Library Association, 2010 (4): 34-37.

106. 孙维佳.高校图书馆空间再造与评估研究[D].南京:东南大学,2017.

107. 易宇玲.环境心理学视角下高校图书馆空间优化策略研究[D].武汉:华中科技大学,2021.

108. 查海平.高校图书馆空间再造策略研究[D].南京:东南大学,2021.

109. McCaffrey C, Breen M. Quiet in the Library: An Evidence-Based Approach to Improving the Student Experience [J]. Portal: Libraries and the Academy, 2016(4):775-791.

110. Theresa Willingham.Library makerspaces the complete guide [M]. Lanham: Rowman & Littlefield, 2018.

111. 曹芬芳,杨海娟,黄勇凯,等.我国高校图书馆创客空间现状调查与分析[J].大学图书馆学报,2019(3):50-56.

112. 罗博,吴钢.创客空间:图书馆新业态发展实践与启示[J].情报资料工作,2014(1):96-100.

113. 聂飞霞,罗瑞林.近五年我国图书馆创客空间发展情况和策略研究[J].图书馆建设,2019(3):112-116.

114. 马春娇.面向用户需求的高校图书馆空间再造研究[D].沈阳:辽宁大学,2020.

115. 孙建辉,魏靖,孙娇梅.我国高校图书馆“创客空间”构建研究及实践探索[J].图书馆理论与实践,2016(7):80-84.

116. 赵鹤,明均仁.国内图书馆创客空间研究综述[J].图书馆研究,2019(1):31-39.

117. 魏文璨. 基于用户体验视角的高校图书馆学习空间价值评估研究[D]. 武汉:华中科技大学,2022.

118. 易宇玲. 环境心理学视角下高校图书馆空间优化策略研究[D]. 武汉:华中科技大学,2021.

119. 隆茜,黄燕. 高校图书馆空间使用评估研究[J]. 图书馆建设,2016(3):78-84.

120. 赵静,王贵海. 美澳高校图书馆空间价值评估及启示[J]. 图书馆工作与研究,2018(4):31-36.

# 附录一

## 地方应用型高校图书馆数字资源建设现状与对策研究

——以九所入选安徽省地方应用型高水平大学为例

**摘要**：通过对安徽省九所地方应用型高水平大学的图书馆馆藏数字资源的调查，从资源建设投入力度、数据资源建设整体规划、特色自建数据库建设、图书馆主页学科导航布局、资源共享和馆员素质六个方面分析了图书馆数字资源建设的现状与问题，并针对性地提出了一些建议和措施。

**关键词**：应用型高校图书馆；数字资源建设；高水平大学

地方应用型本科院校图书馆资源建设随社会信息环境的变化、高校建设的要求、资源载体形态的改变、用户行为的改变、服务方式的改变、技术的发展以及用户信息利用行为与需求的变化而不断发生变化。当下数字文献已经成为图书馆文献增长的主体，图书馆也需要与时俱进，进行转变。

### 1 应用型本科院校图书馆数字资源建设的现状分析

笔者选取了安徽省九所地方应用型高水平大学作为研究对象，通过对各高校图书馆网页和电话咨询调查发现，这九所高校通过十多年的建设，数字资源快速发展，高校图书馆电子资源购置费逐年增加，各高校图书馆的文献资源量增长迅速，能够满足教学、科研的基本需求，但产生了无用信息泛滥、过剩的情况。其中铜陵学院、合肥学院、滁州学院、安徽科技学院、黄山学院的数字资源建设和图书馆网站主页布局较为合理完善。在学科服务方面,铜陵学院建设较为完备,其他八所高校没有出现学科服务板块,但对特色自建数据库、信息咨询、科技查新、文献传递等简单的学科服务均有不同程度的涉及。调查表明,目前安徽省地方应用型高水平大学数字资源建设总体还处于初级阶段。对先后入选安徽省地方应用型高水平大学建设的九所高校图书馆数字资源建设现状展开调查,调查主要从学科资源特色、自建数据库建设、自购数据库、学科馆员数量、开展学科服务内容情况等几个方面进行分析(见表1),发现当前地方应用型高水平大学图书馆数字资源建设有以下六个亟待解决的问题:

**表1　九所地方应用型高水平大学图书馆数字资源建设的现状(2019年1月)**

| 高校图书馆 | 特色自建数据库数量/个 | 自购数据库/个 | 学科馆员数量/人 | 学科服务内容 |
| --- | --- | --- | --- | --- |
| 安徽科技学院 | 1 | 55 | 0 | × |
| 合肥师范学院 | 0 | 34 | 0 | × |
| 皖西学院 | 0 | 35 | 0 | × |
| 合肥学院 | 10 | 66 | 0 | × |
| 黄山学院 | 1 | 54 | 0 | × |
| 滁州学院 | 0 | 57 | 0 | × |
| 铜陵学院 | 2 | 47 | 12 | √ |
| 宿州学院 | 0 | 23 | 0 | × |
| 安徽新华学院 | 0 | 20 | 0 | × |

注:表1中“×”表示此项建设为空白。

### 1.1 部分院校馆藏数字资源建设经费不足

随着社会信息化和智能化的不断推进,人们的阅读习惯也越来越趋向于数字化。因此,读者对于电子图书的需求也在不断地增加。高校图书馆在数字资源建设的投入具有很大限制,尤其在新建地方性应用型本科院校的图书馆数字资源建设中体现得尤为明显，这类高校的数字资源一般较为匮乏，且存在师生意见较大的情况。如外文数据库Web of Science，EI等有些学校都没有购买，这与学校资源经费投入不足有直接关系，数字资源购买也受到很大限制。

**1.2 数据资源建设整体规划不到位，数据整合不完善**

目前，地方应用型高水平大学的图书馆基本都购买了数字资源，但其数据库建设不合理，没有实现统一规划、统一管理和统一标准（详见表2），而实际上相关数据库之间文献收录的内容区别不大。安徽省高校数字图书馆统一购买了万方中文电子期刊、超星中文电子图书（收录图书28万余种）、方略学科导航、博看网电子期刊、Worderscinet电子期刊、Ureader外文电子图书、中国科学引文数据库、时夕乐考网等13个数据库，这无形中减少了各高校的购买投资。数字资源每年都在不断更新，这就意味着每年都要购买更新后的数据库，其中超星的部分电子图书在安徽省高校数字图书馆资源共享的同时，各高校都有所购买，分析笔者调查的九所高校购买的中文数据库发现，超星电子图书和中国知网数据库都存在内容上相互重复的现象。从调查的外文数据库看，SpringerLink公司和EBSCO公司的数据库在内容上也存在一定程度的重复[1]。调查结果表明，中国知网（CNKI）和国研网重复购买现象最为严重，各高校几乎都有购买，这就使得数字资源配置上出现了重叠。

**表2　九所地方应用型高水平大学图书馆数字资源购买频次排名前五位统计（2019年1月）**

| 排名 | 数据库名称 | 九所高校图书馆购买频次/次 |
|---|---|---|
| 1 | 中国知网 | 9 |
| 1 | 国研网 | 9 |
| 3 | 银符考试题库 | 8 |
| 4 | 超星电子图书 | 7 |
| 5 | 人大复印资料全文数据库 | 6 |

### 1.3 自建特色数据库较少且部分质量不高

在调查的这九所高校图书馆中，只有安徽科技学院、合肥学院、黄山学院、铜陵学院四所高校建设了自建数据库，其中建设有一定规模的不多。各高校自建的具有特色的数据库中能够整合全文类型的数据库偏少，大多数自建的特色数据库只是对已有文献进行简单扫描，没有对其进行精深加工和整合处理，不能真正建设成学校的数据库特色资源。对已经建成的数据库，高校一般都会进行IP限制，校外人员无法进行访问和下载，只供本校用户使用。这在一定程度上违背了学校自身建设特色数据库的初衷，导致自建特色数据库很难有较高的利用率[2]。

### 1.4 图书馆主页学科导航布局不合理且分类杂乱

经调查，安徽省九所地方应用型高水平大学图书馆存在对数字资源学科分类罗列随意、杂乱无序的情况。如学校在图书馆主页仅仅罗列了数字资源名目，对于该数字资源是中文电子数字资源还是外文电子数字资源、是学校自建的特色资源还是网络免费资源都没有进行分类标识，只是按照先后顺序简单随意排列，给读者的查阅造成很多困难。一般来说，网站上的导航信息需要有资源的介绍说明、链接网址以及用户账号等信息，以便按学科对数字资源进行分类整合，合理布局，形成具有学校特色的学科导航体系，最大限度地方便读者查询和利用。

### 1.5 高校之间资源共享有待加强

数字资源的一个显著特点就是能够进行相互协作和共建共享。然而，目前安徽省内的现状是高校之间资源共建共享和相互协作的意识不强。例如，部分高校自建数据库和特色数据库只供本校使用，并不能实现高校间的资源共享，使得各高校的中文数字资源无法得到充分利用，整体上也无法达成更加科学的配置。而在外文数字资源的采购上，各高校图书馆之间的发展也存在不平衡现象[3]。

### 1.6 馆员业务素质有待提高

安徽省地方应用型高水平大学基本都是专科院校通过升本而来，

本科建设时间不长,历史遗留问题较多,馆员队伍的整体素质有待提高,知识结构不合理,工作人员的专业素质难以达到馆员应具备的工作标准,复合型人才和精通计算机专业方面的综合性人才缺乏。高校图书馆的工作人员属于专业技术人员,因此在专业能力上也要有相应的标准和要求。

## 2 数字资源建设的合理应对对策研究

### 2.1 加强数字资源建设投入力度

各高校对建设数字资源这项内容要引起足够的重视,提高对图书馆数字资源经费的投入,图书馆数字资源建设是物联网、信息化环境下高校馆藏资源建设的核心。当前,图书馆文献的增长核心和主体是数字文献的增长,需要将数字资源建设列为馆藏资源的建设重点。另外,各高校图书馆还要有资源建设共建共享的理念。

### 2.2 筹建学校图书馆馆藏规划部,加强资源建设规划

首先,各高校要加强资源评价,围绕学科开展资源建设,系统规划各学科资源建设方案,制定图书馆总体建设规划,制定符合当前地方应用型高水平大学发展建设的信息资源保障规划与行动方案。对本馆拥有的数字资源进行数量与质量的评价,包括资源结构是否与学科发展相匹配、资源的学科覆盖情况、核心文献的保障率、读者需求的满足率、信息资源的语种等是否符合学校的发展要求。教学保障资源应以中文数字资源建设为主,着重学习型数字资源建设。数字资源结构须清晰明确,切忌重复。学术保障资源要以保障某个人、某个团队、某个专业、某个学科的个性化需求为目标,开展资源建设;其次,需要梳理图书馆信息资源现状,对各学科资源的保障情况进行评估,对本馆拥有的期刊资源进行数量与质量的评价,对读者荐购的图书与馆员采购的图书的利用情况进行对比分析,调查本馆的文科资源拥有情况,对读者推荐的图书进行考察评估等。最后,根据应用型院校的重点学科,确定

对标的重点学科的文献保障情况并进行对标分析，找出差距与建设方向。

**2.3 提高自建数据库质量**

各高校要加强重点学科建设，利用各高校的专业、学科特色和技术优势，对本专业的信息资源进行完整系统的整理、分析和分类，形成具有鲜明特色的专业馆藏。还可以借助学校已经完善的特色馆藏，联合学校相关部门，创造条件建立专业的特色数据库，形成学校自己的馆藏特色和亮点，如各市或各高校具有的有鲜明特色的人文数据库、论文库以及高水平学术成果库等。

**2.4 加强图书馆主页学科导航建设，合理布局归类图书馆资源**

图书馆需要派资深馆员来专门负责网站的维护和更新，对图书馆的数字资源进行有序地分类。如把自建特色资源、自购数据库、中文数据库、外文数据库、学位论文库、考试系统、网络免费资源等清晰地归类，以满足用户的需求，让用户可以方便快速地查询，进行合理布局，方便用户对数字资源按学科进行查阅使用，形成具有本校特色的学科导航体系，最大限度地方便用户利用图书馆的资源。

**2.5 增强馆际合作，有效利用共享资源**

有些数字资源各校图书馆不必全部购买，对于所缺部分完全可以通过馆际互借、文献传递、资源共享等方式来解决，各馆之间应该加强合作，解决本馆的数字信息资源不足的问题[4]。另外，各个高校的图书馆数字资源重复建设不仅浪费很多资金，使其他资源购买受限，还使本馆的数字资源难以形成自己专有的特色，容易产生信息雷同的问题。对此，要充分利用高校资源共享服务平台。例如，随书光盘数据库、方略学科导航、博看网电子期刊、Worderscinet电子期刊、Ureader外文电子图书、中国科学引文数据库、时夕乐考网等由安徽高校数字图书馆统一购买，省内各高校免费使用这些数字资源；充分利用OA资源和国家保障资源；充分利用共建共享联盟与合作对象资源；有效利用文献传递和馆际互借来补充馆藏欠缺。这些方式不仅节省了有限的经费,还有效获取了用户需要的数字信息资源,使各馆之间的信息资源得到了充分的共享。

**2.6 培养专业的学科馆员**

拥有素质全面且专业性很强的馆员团队是未来图书馆发展的必然要求。因此,各高校图书馆应有前瞻意识,尽早组建学科馆员团队,各院系可以根据情况设置专业对口的学科馆员,作为图书馆和部门院系的联系纽带。这样不仅能够快速地获取各院系师生的需求,还可以使学科型馆员和师生进行互动,如数字资源推广、数字技能培训等,从而达到提高图书馆数字资源利用率的目的[5]。

学科型馆员可以利用信息化、现代化的技术和手段,收集各种大量分散的信息资源,对其进行分析、整合和分类,使其有序化、规范化和标准化,这样可以为使用者提供更好、更优质的信息资源服务。如建立图书馆微信发布平台,及时快速地发布图书馆活动的相关报道和新闻,快速地对图书馆资源、服务和活动等进行新媒体宣传推广,真正将学科服务送到师生,送到用户身边,这无疑是一种宣传信息资源的最佳方式;收集具有较高学术价值的免费信息资源,并将其有针对性地进行整理,使得这些免费的数据和链接地址能够供读者便利地查询和使用,从而更好地为学校教学、科研和管理决策提供多层次服务。

## 3 结语

本文通过对安徽省九所地方应用型高水平大学图书馆数字资源建设的调研,从学校资源建设的投入、数据资源建设整体规划、特色自建数据库、图书馆主页学科导航布局、资源共享和馆员素质等六个方面对各高校图书馆数字资源建设的现状与问题进行了分析;在分析现状和问题的基础上,从加强数字资源建设投入力度、加强资源建设规划、提高自建数据库质量、加强图书馆主页学科导航建设、增强馆际合作和培养专业的学科馆员等六个方面有针对性地提出了一些建议和措施,以期为地方应用型本科院校图书馆馆藏数字资源建设提供理论参考。

**参考文献：**

[1]李海霞.云计算模式下高校图书馆服务创新初探[J].办公室业务,2015(5):37-38.

[2]邓世明.我国高校图书馆数字资源建设问题研究[J].黑龙江科技信息,2010(21):115.

[3]许琳,刘涛,李若.辽宁省高校图书馆数字资源建设现状与对策研究[J].农业图书情报学刊,2014(22):46-49.

[4]韩永文.高职院校图书馆资源建设的现状与对策[J].天津科技,2008(3):24-25.

[5]裴毅.论应用型高校图书馆的读者信息需求及信息服务策略[J].情报探索,2012(4):12-14.

# 附录二

## 地方应用型高水平大学图书馆学科馆员建设

**摘要**:本文通过对九所安徽省地方应用型高水平大学图书馆学科馆员建设进行调查,从院校图书馆的总体规划、馆员业务素质、学科馆员评价机制三个方面,分析了地方应用型本科院校学科馆员建设的现状,并针对性地提出了一些建议和措施。

**关键词**:地方本科院校;学科馆员;现状;对策

地方应用型高水平大学以应用型人才培养为目标,旨在培养学生的应用和创新能力,以便更好地满足地方经济和社会发展的需求。高校图书馆在地方应用型本科院校的发展过程中发挥着越来越重要的作用,怎样使学生更加便捷、高效和优质地获取所需的知识技能,怎样有针对性地开展专业对口信息资源服务显得尤为重要。因此,提升图书馆学科馆员队伍的素质水平、建设和发展学科馆员队伍已刻不容缓,这将直接影响地方应用型本科院校学科服务的水平和成效。

如何加速图书馆资源建设以适应地方应用型本科院校专业和学科的发展是地方应用型高水平大学图书馆必须面对和研究的重要课题。

### 1 学科馆员建设的意义

作为创新型服务的一种形式,学科服务能够根据不同用户提出的不同需求,有针对性地提供定制服务。学科服务得以实施的基础是拥有高素质的学科馆员，高素质的学科馆员能够高效、娴熟、高质量地完成收集、编排整理、组织信息资源以及用户服务等工作[1]。目前，安徽省地方应用型高水平大学的馆员素质普遍不高，高校图书馆在选择图书馆工作人员时，只将其学历作为主要考量指标，却很少对应聘人员的专业能力进行考量。此外，国内的大多数高等院校图书馆在学科型馆员的建设机制方面还有待完善。图书馆对新进馆的教育工作不能有效开展，致使这些新进馆员在学科服务方面的意识不强，对学科服务没有深刻的认识，从而难以满足各类用户提出的个性化服务需求，难以完成对不同用户的资源导航工作。上述因素对高校图书馆的学科型馆员团队的建设较为不利。因此，只有不断提升馆员的整体素质，有针对性地进行教育和培训，不断强化服务意识，建立长效的激励和考核评价机制、完善评判标准，才能促进图书馆更好地发展。

## 2 学科馆员建设的现状

本文选取了安徽省内九所地方应用型高水平大学作为研究对象，通过网页和电话调查发现只有一所高校学科服务建设相对于其他高校较为完善，其他院校在网站上基本没有出现过学科服务板块，但对特色自建数据库、信息咨询、科技查新、文献传递等简单的学科服务均有不同程度的涉及。调查表明，目前安徽省地方应用型高水平大学学科服务还处于初级阶段，如何满足地方经济建设和社会发展的需求，培养出应用创新能力强、综合素质高的应用型人才，已成为急需解决的难题。高校图书馆在地方应用型本科院校的发展过程中发挥着重要的作用，图书馆学科馆员队伍的专业素质水平将直接影响地方应用型高水平大学学科建设的发展。为了使安徽省地方应用型高水平大学学科建设目标顺利推进，笔者先后对入选安徽省地方应用型高水平大学建设的九所图书馆的学科服务及馆员建设现状展开调查，调查主要从学科资源特色自建数据库建设、学科馆员数量、开展学科服务内容、学科馆员制度建设情况四个方面进行分析，得出学科馆员建设的现状，见表1。

**表1　安徽省九所高校图书馆的学科服务和学科馆员建设现状**

| 高校图书馆 | 特色自建数据库数量/个 | 学科馆员数/人 | 学科服务内容 | 学科馆员制度建设 |
| --- | --- | --- | --- | --- |
| 安徽科技学院 | 1 | 0 | × | × |
| 合肥师范学院 | 0 | 0 | × | × |
| 皖西学院 | 0 | 0 | × | × |
| 合肥学院 | 10 | 0 | × | × |
| 黄山学院 | 1 | 0 | × | × |
| 滁州学院 | 4 | 0 | × | × |
| 铜陵学院 | 2 | 12 | √ | √ |
| 宿州学院 | 0 | 0 | × | × |
| 安徽新华学院 | 0 | 0 | × | × |

说明："×"表示此项建设为空白。

### 2.1 学科服务设计规划不完备

目前我国大多数地方应用型本科院校图书馆都没有专业的团队，院校领导对图书馆建设工作的支持和重视程度不够，再加上资金短缺，技术不够成熟，在学科服务内容上难以做到全方位和多层次等因素，导致图书馆难以达到预期的学科服务成效。地方应用型高水平大学图书馆专业队伍建设在数量上基本达到了要求，但是在专业技能、文化素质上还未达到图书馆学科馆员工作人员的标准，非对口专业人员多，高层次的专业人才少，即使有高学历和高职称的工作人员，但大多不具备图书馆专业背景[2]。一般高校在用人制度和机制方面对学科型馆员资源投入有限，即使有学科服务方面的馆员提供学科服务，也是一人兼任多职，工作任务多，强度大。因此，学科馆员要完成岗位职责中的目标和任务十分困难。上述情况导致学科型馆员很难在学科专业中充分发挥作用。

近几年,图书馆在聘任和考核工作人员上主要考虑学历因素,对专业能力的考核不够重视,甚至忽视专业能力考核。学校领导对图书馆的队伍建设工作重视程度不够,导致图书馆工作人员素质现状难以满足学校学科建设改革需要,严重制约地方应用型本科院校图书馆事业的发展。

### 2.2 专业人员业务素质不高

安徽省的地方应用型高水平大学,基本上都是专科院校升本而来,本科建设时间不长,历史遗留问题较多。图书馆队伍的整体素质偏低,学历层次偏低,专业结构不合理,专业素质达不到该有的馆员工作标准,缺少精通计算机的复合型人才和综合性人才。理论上,高校图书馆的工作人员也属于专业技术人员,因此在专业能力上也有相应的标准和要求。但实际上,有相当一部分高校对图书馆馆员的专业素质和专业要求重视程度不够,图书馆老馆员往往文化程度不高,专业素质欠缺,只能完成简单的整理图书和借还图书等工作,难以在互联网环境下完成数字化、信息化和专业化服务。

### 2.3 评价激励机制不完善

目前,我国高校图书馆并没有针对学科服务建立评价考核标准,无法对学科馆员的工作进行评价,考评方式简单、模糊、缺乏科学性。没有制定高校图书馆的学科馆员薪资体系,不能依据其对馆员进行考核,并将考核结果作为主要依据对馆员进行奖惩。这就导致大多数高校学科型馆员工作量的多少、工作质量的优劣不能得到充分体现,也就无法激发学科型馆员的工作热情,提高馆员积极性。此外,由于缺乏合理的评价考核标准,在馆内容易产生工作职责不够明确,学科型馆员工作开展不够顺利、学科服务体系进一步建设与发展难以落到实处等问题。

## 3 建设图书馆学科服务馆员制度的对策研究

### 3.1 根据学科发展制定图书馆学科建设规划

学科服务近年来才在地方应用型高水平大学图书馆中展开，高校对如何培养学科馆员的长远规划还不完善，有的高校甚至还没有开始。为适应时代的快速发展，满足各类用户的个性化服务需求，图书馆学科服务规划设计必须不断改进、调整和完善。而要做到上述几点，学校要给予充裕的经费和合理的政策支持，要从用户需求的角度出发，以用户为中心，不断延伸服务的广度和深度，使服务模式多样化。如联系院系、信息推送、信息资源建设、学科资源服务宣传、信息素养培训等，必须有专业对口的学科馆员和学科服务团队，这些内容才能顺利完成[3]。

### 3.2 加强学科馆员队伍建设

第一，图书馆应当引进具有专业背景和服务意识的学科馆员。学科服务是图书馆的特色服务，学科馆员的职责是为学科用户服务。高校图书馆对学科馆员素质和业务水平的要求更高。因此，高校图书馆在招聘考核过程中要结合应聘者的学科专业背景、服务意识和能力以及心理状况等进行全面考量。首先，学科馆员应该有图书馆相关专业教育背景，能娴熟地对万方和知网等数据库进行操作、演示和讲解。其次，良好的服务意识也是学科型馆员必备条件，学科型馆员不仅要为不同用户提供数字和纸质等文献资源服务，还要根据不同用户的个性化需求，提供用户定制化服务。最后，学科型馆员在言行举止上要落落大方，体现出较高的业务素质水平，要展示出学科型图书馆员的风采，为各类用户提供的优质服务。

第二，建立学科型馆员培养体系，加强学科型馆员继续教育。目前，地方应用型高水平大学图书馆的学科馆员培养一般采取短期业务培训的方式，这种培训方式时间短，知识难以形成体系，往往培训名额还非常有限，很难满足需求。而且在馆员外培和进修深造时，原单位通常不给予薪资待遇，这就导致图书馆馆员自我深造意愿不强。

随着社会不断地快速发展和物联网时代的来临，以数字化和信息化为特征的高校图书馆必将对学科型馆员的要求越来越高。因此，高校需要对学科型馆员进行全方位、立体化和多层次的专业技能、心理素质培训。高校要针对学科馆员不同的特点制定不同的培养规划和实施方案，根据个人特点和差异进行针对性的分类培训，如国内外访学和进修等，不能外出访学和进修的馆员可以采取网络在线学习的方式。总之，学校要用多样化的方式给每个馆员提供继续进修深造的机会，这对于馆员自身和学校的学科服务、学科建设都有巨大益处。

第三，建立重组和流动制度，实现兼职向专职转变。建立人员重组机制，使得馆员流动成为图书馆内部管理的常态，改革原有部门以及部门之间传统的运行方式是调动和激发图书馆员工学科服务主动性和自主意识的有效方式。可以以图书馆某个部门为枢纽，建立一种流动运行的馆内资源和调配服务机制。图书馆在进行各部门之间资源协调和配置时，需要进行人员流动和重组机制的顶层设计，让有能力、想干事、能干事、干成事的馆员，尤其是新进的青年工作人员有工作发挥平台。期刊部和流通部等窗口可以与学科专业服务部门进行人员流动，轮岗交流，这样可以使馆员熟悉各个岗位的职责，更好地进行学科专业服务，提升服务能力和服务质量。近几年，随着信息化和数字化的不断推进，纸质期刊订阅量不断下降，电子期刊成为主体。因此，高校图书馆可以大胆尝试将期刊部和流通部合并，成立新的读者服务部，读者服务部的工作人员可以将主要精力聚焦在电子期刊的管理上，这样可以有更多的馆员空闲出来，去进行专业的学科服务工作。

**3.3 完善学科馆员评价机制**

由于各个院校学科服务建设的水平有一定的差异，其学科服务的内容侧重点必然有所不同，而且各高校的用户不同，其需求也不同，再加上学校资金与技术等因素的制约，需要做到“对症下药”，才能有良好的效果和成效。因此，各个学校需要结合自身状况建立适合本校的公平有效、科学合理的学科型馆员评价考核标准和体系，只有这样才能真正促进学科服务健康发展。图书馆在制定考核标准和体系时，需要明确考核内容、方式和奖惩机制，要公开、公正、公平地对学科型馆员进行定性和定量的考核评价。学校和图书馆要根据考核结果对图书馆员工进行奖惩，对工作负责和表现优异的学科型馆员优先给予深造和职称晋升的机会；对工作效果差、表现差的员工可以进行换岗，这样能够大大地提高学科馆员的积极性，端正馆员的工作态度，营造一个积极向上的学科型馆员团队[4]。

## 4 结语

总之，地方应用型新建本科院校的图书馆学科型馆员制度如果能够建设好，将大大促进学校学科发展。目前学科型馆员制度建设不完善、学科型馆员整体素质有待提高、学科服务的内容有待完善和宣传力度不够等因素导致学科服务的发展不容乐观，严重滞后。想要改变这种局面，就要建立和完善学科型馆员的制度，持续加强学科馆员的培训和教育工作，培养出专业对口的高素质学科馆员团队，建设完备的学科服务架构体系，使地方应用型本科院校的图书馆学科服务得到长足发展，形成地方应用型高水平大学图书馆学科服务建设新格局[5]。

**参考文献：**

[1]毕强，尹长余，滕广青，等.数字资源聚合的理论基础及其方法体系建构[J].情报科学，2015(1)：9-14，24.

[2]朱咏梅.高职院校图书馆资源建设的现状、问题及对策[J].科技视界，2012(31)：234-235.

[3]储节旺，汪敏."双一流"建设背景下高校图书馆学科精准服务对策研究[J].现代情报，2018(7)：107-112，127.

[4]张志莲.应用型本科院校图书馆学科馆员队伍建设探索[J].科技情报开发与经济,2007(6):15-16.

[5]吴玉玲.高校图书馆学科服务滞后原因分析及改进措施[J].新世纪图书馆,2017(1):40-45.

# 附录三

## 高校图书馆随书光盘管理模式的探讨

**摘要**：当前高校图书馆随书光盘藏量猛增，本文针对当前传统与网络随书光盘管理模式，结合自身实践经验提出一些心得和建议，以期与同行交流，并提高光盘的利用率，为图书馆全面自动化管理提供借鉴。

**关键词**：电子文献；随书光盘；光盘管理；网络服务

当今越来越多的随书光盘随着纸质馆藏进入图书馆，如何有效地管理数量庞大的随书光盘已成为图书馆工作人员必须面对的实际问题。最大限度地发挥随书光盘的文献作用，降低管理成本是我们研究文献效益的一个现实入口。随着各校校园网的建成和普及，随书光盘网络管理在文献服务中应体现其特有的"完善管理、提高效率"作用，并发挥其对现行文献拾遗补缺的作用。因此，图书馆对恰当的文献，采用恰当的方式，进行恰当的管理，不仅能做到便捷服务，避免外借损耗，还能达到降低管理成本，便于推广和运用的目的。本文仅根据现有实际情况，对随书光盘管理模式提一些个人看法，以期完善高校图书馆现有的文献管理系统，从而提高文献的管理效率。

### 一、随书光盘的文献类型

随书光盘作为一种新的文献载体形式，按其内容可归纳为以下两种类型：

1.附件型光盘：这类光盘通常与图书的联系最为密切，是目前出版业随书光盘发行的主流，我馆随书光盘80%属于此类。其光盘内容主要是图书内容的延伸、涉及的案例以及视频操作。光盘若离开图书就失去了价值，图书若离开光盘则显得意犹未尽，这类光盘大多数依附于计算机类、外语类、艺术类、工程类图书。计算机类随书光盘的内容主要是其程序、实例、练习、教学盘、演示课件以及它们的源代码、免费应用软件、系统平台、仿真模拟环境等；外语类、艺术类随书光盘的内容主要是图片、声音、视频资料等；工程类随书光盘的内容主要是附带的辅助教学软件、应用软件插件、素材等[1]。

2.电子书式光盘：这类光盘通常能够独立使用，其内容往往与图书内容一致，光盘内容即是该书的电子版，仅仅是载体形态不同，其涉及的内容与图书内容重合。这种类型的光盘以文学、艺术类光盘为主，如《我的父亲邓小平："文革"岁月》一书，该书随书光盘的内容就是该书的电子版，其中除其书的全部文本外，另配有原声朗读。此外，大多数音乐CD、VCD以及文本文件光盘等，都属于可独立使用的文献[2]。

## 二、目前高校图书馆随书光盘管理模式分析

### （一）藏而不借的光盘管理模式

由于光盘具有易损坏的特点，有些高校图书馆为保护光盘可用性或完整性，不论何种类型光盘，一律采取"藏书楼"的方式，将随书光盘取出单独收藏而不外借，即使借也要经过复杂的手续。此种管理模式大大降低了光盘的利用率，特别是时效性很强的计算机、信息技术类光盘，一旦错过利用的有效期，纵使收藏得再好也失去了其应有的文献价值[3]。

(二)随书绑定的光盘借阅模式

这种管理方式是将光盘与书一起外借,虽较第一种管理模式有很大改进,也提高了光盘的利用率,但流通部门使用的图书借还管理系统一般不能对光盘借还进行操作,光盘借还还须手工办理。因此,在借还中无法对流通盘的损坏进行检测,读者有可能会借到废盘,或还回损坏盘,因而引发管理矛盾。而且有些读者只需借书,不借光盘,如果绑定借出就容易导致光盘丢失或书盘匹配混乱,同样会给管理造成麻烦,产生不必要的财产损失[4]。

(三)书盘分藏各取所需的模式

这种管理模式将光盘和图书分开收藏,光盘分门别类存放于电子阅览室或其他对外服务部门,与图书借还一样管理。这种管理模式不仅提高了光盘的利用率,还能对不擅长计算机操作的读者进行指导,同时也给那些没有电脑不能使用光盘的人提供了便利。但是这种管理模式同样也摆脱不了光盘被频繁使用导致损坏的命运。所以有些图书馆在收藏母盘后,采取不计复本盘损耗的对外借阅方式,但这种自然消耗模式仍然无法避免光盘的损坏。

(四)网络化的光盘管理模式

网络化管理是因在上述模式中光盘不可持续利用而出现的,其有效地解决了光盘物理损坏的问题。所谓光盘网络化管理即采用磁盘阵列、光盘镜像服务器等技术设备,将随书光盘压缩为ISO等格式存放在光盘镜像服务器上供读者浏览、下载[5]。此种管理模式既为读者提供了便捷的服务,又使光盘在任何时间、地点都可被具有使用权限的读者同时使用,极大地提高了利用率,更重要的是其解决了盘体在流通中易损的这一难题。然而,网络化管理亦如其他事物一样,有其弊端。例如，管理成本过高，其设备费用甚至超过随书光盘在流通中的自然损耗。图书光盘占存空间过大，一般单张盘需要100MB～700MB的存储空间，而一册电子书仅需3MB～5MB的空间。显然电子书的管理成本低于光盘网络化的管理成本，从资金投入上看发展电子书更划算，因此多数管理者宁可使用电子书也不用压缩光盘开展服务。

## 三、对随书光盘管理模式的务实思考

### （一）随书光盘管理是文献服务上水平的标志

多媒体技术的出现使图书馆在收藏与检索能力上更加全面，更加有效。而全面与效率正是一个图书馆办馆水平的重要标志。正因如此，图书馆的社会价值，即满足人们对知识和信息的需要日益突显。也正因如此，图书馆的文献控制力越高，读者满意度才越高，图书馆才越有价值。但是面对上述几种光盘管理模式存在的缺憾，不是因为频繁使用导致光盘损坏，就是因为网络存储空间过大、网络管理费用过高，使得图书馆难以接受和承担。因此，我们必须去解决而不是回避光盘存储这一实际问题，使我们的馆藏服务体系更加优化和完善。

尽管目前光盘网络化服务还有局限，更多的图书馆还需要传统手工式管理。但是光盘对纸质、电子图书不涉及地方的拾遗补缺作用却不可低估。对此，我们应根据经济条件做出选择，尽可能地发挥出光盘网络管理优势，特别是对某些纸质图书、电子书的缺藏本、孤本、稀本（如古籍）的光盘施以网络化服务。在此，就网络化管理做些实际分析。

1.光盘传统手工式管理不可取消，但需管理创新，保证文献查有所据，低耗利用。在当今资源建设力度有限与读者需求无限的这一矛盾中，任何图书馆的经济能力都是有限的，但为了满足读者，我们既要根据自己的经济能力量力而行，对少数特殊馆藏实行网络化管理，又要坚持在传统手工管理制度上继续满足和方便读者，使信息输出不留死角。为避免光盘的损坏，除了留存样本盘或母盘外，外借时可采取特殊方法，如收取押金防止租借超期或光盘损坏，按期有偿租借，有偿付费刻录等。当光盘流通过久出现自然损坏时，图书馆应从母盘刻录新盘继续外借。这些方法其实与损坏图书照章赔罚一样，既是对广大读者的负责，充分尊重其用盘权利，又是对国家财产的尽力保护，使之可持续利用，从根本上体现了“以人为本”的可持续发展理念。

2.随书光盘网络化管理的技术优势不可轻视，但必须实事求是，量力而行。随书光盘网络化管理优势明显，其最大程度地满足了馆藏资源的共享，大大超出了手工借阅的利用率。读者既能实现对光盘资源的方便利用又不会对光盘产生损耗，最大限度地保证了馆藏光盘的完好性。网络化管理大量地节省了图书馆的人力资源，避免了耗工耗时的低效服务。对于图书馆的管理者来说，有限地使用光盘技术管理特殊文献，不仅是一种管理智慧，还能对教学与科研发挥奇效。作为一种技术，其管理方式所达到的利用效果在今后仍然是人们追求的方向[6]。

### （二）正确认识随书光盘网络化管理与手工管理的现实关系

随书光盘网络化管理需要网络条件、存储硬件设备以及光盘管理软件兼具才能正常进行，目前各地高校校园内的计算机已成规模并连入校园网，仅我校图书馆电子阅览室就有百余台电脑连入校园网，而且很多读者都拥有个人电脑。就网络环境而言，目前各高校校园均已实现网络化。高校校园网多年来运行良好，读者可以在校园网权限允许范围内进行文献检索和下载，充分享受共享的馆藏资源。如此网络环境早已为光盘网络化管理做实、做强提供了现实可行的条件，也为网络运行安全积累了丰富的技术经验。然而，有限的经济条件却使许多图书馆在网络化管理面前踌躇不决，如何权衡网络管理与手工借阅的比例关系，做到既不放弃传统借还方式，又能实现网管式信息共享；既保护光盘不受损坏,又尽可能多地被读者利用成为急需解决的问题。对此管理者应该统筹兼顾,有所侧重。采取传统服务与网络管理互补的办法,在开展手工借还时兼顾特殊文献的网络共享,在实施网络管理特殊文献时兼顾手工借还方法。也就是说,少量的特殊光盘文献直接上网,普通的光盘文献可通过网络目录揭示,指引读者更方便地去获取。这就解决了文献输出的死角问题。从经济上讲,对个别特藏文献进行网络化管理,就是一般的图书馆也能承担得起。另外,随着信息技术的发展,磁盘阵列等存储设备的价格也将不断下降,建设光盘网络管理系统的可能性也越来越大。从长远效益看,早起步的技术在今后的工作中总能抢占事业的制高点,从而使文献服务更有效率。

当然,目前随书光盘若能在存储空间上,通过技术改造转换成与电子图书一样的程度,其管理成本将大大降低,文献效益将大大提升,从而使社会效益有所提升。

## 四、结语

不同的随书光盘管理模式在一定程度上影响着馆藏资源的利用效率,对高校治学治教有着重要意义。本文冷静、客观地对光盘网络化管理与手工管理关系进行权衡分析,旨在面对现实,既讲技术又不唯技术,为同仁提供一点思路,以改进我们的工作。

**参考文献:**

[1]蔡延华.对图书馆的随书附盘管理的探析[J].网络财富,2008(8):163-164.

[2]张爱珍.谈随书附盘文献的管理与利用[J].河南图书馆学刊,2006(3):84-85.

[3]刘美枝.高校图书馆随书光盘管理与运用探讨[J].现代商贸工业,2009(3):216-217.

[4]马鲲鹏.浅谈随书光盘的管理和利用[J].科技咨询导报,2007(13):131.

[5]戴丽娜.浅谈图书馆随书光盘的管理模式[J].农业图书学报学刊,2009(10):230-232.

[6]袁琳.附盘图书的特点及管理模式[J].图书馆工作与研究,2004(2):28-29.